普通高等教育新工科电子信息类课改系列教材

电子信息类创新性实验

刘公致　胡体玲　陈　龙
张显飞　靳培培　刘先昊　编著

王光义　主审

西安电子科技大学出版社

内容简介

本书结合杭州电子科技大学电子信息学院电子信息类专业创新性实验课程教师团队多年积累的教学经验编写而成，内容涵盖创新的基本理念、五大类创新实验、制作调试方法、评价体系等几部分。由于实验课内容丰富，涉及范围广，因此本书仅重点选取了混沌理论在加解密领域的应用、智能家居系列创新实验系统设计、智能小车系列创新实验系统设计、人体健康系列创新实验系统设计等内容，每个实验设计了基本要求、发挥方向，并提供了设计参考方案。本书最后设计了一个大型创新的音频信号采样、分析、传输及显示实验，旨在培养学生的团队意识与协作能力。

本书可用于创新性实验课教学，也可供电子信息类专业学生电子竞赛集训、课外科技项目申报及毕业设计等参考使用。

图书在版编目(CIP)数据

电子信息类创新性实验 / 刘公致等著. —西安：西安电子科技大学出版社，2023.5(2025.7重印)
ISBN 978-7-5606-6454-5

Ⅰ. ①电…　Ⅱ. ①刘…　Ⅲ. ①电子信息—实验—案例—汇编　Ⅳ. ①G203-33

中国版本图书馆 CIP 数据核字(2022)第 092257 号

策　　划　陈　婷
责任编辑　吴祯娥　陈　婷
出版发行　西安电子科技大学出版社(西安市太白南路 2 号)
电　　话　(029)88202421　88201467　　邮　　编　710071
网　　址　www.xduph.com　　电子邮箱　xdupfxb001@163.com
经　　销　新华书店
印刷单位　西安日报社印务中心
版　　次　2023 年 5 月第 1 版　2025 年 7 月第 2 次印刷
开　　本　787 毫米×1092 毫米　1/16　印张 8.5
字　　数　171 千字
定　　价　25.00 元
ISBN 978-7-5606-6454-5
XDUP 6756001-2

前　言

目前高等教育已经把培养具有工程实践和创新能力的高素质人才作为首要目标，为此开展了各类学科竞赛、创新创业训练等活动。这类活动一般只针对部分能力特别突出的学生，参与人数有限。为进一步扩大创新教育受益面，许多高校建立了相应的创新实验基地，开设专门的创新性实验课程，以便让学生在完成基础课实验之余进行大型综合设计、创新性实验。

杭州电子科技大学电子信息学院于2010年开设了电子信息类创新实验课程。课程进一步激发了学生的创新兴趣，较好的培养和锻炼了其创新意识、创新能力和团队协作精神。由于课程内容具有较强的发散性，涉及专业知识范围较广，实验教材编写难度较大，课程教师团队经过多年的教学经验积累，结合学生很多优秀作品的设计思路及内容，编写了本书。书中内容涵盖创新基本理念、五大类创新实验、制作调试方法、评价体系等几大部分，可用于电子信息类专业创新实践课教学，使学生更好地了解本专业的创新选题、创新思路和创新方法，培养学生各方面的综合素养，提升创新实验课程的效果。

本书第1章介绍了创新的基本理念、创新途径及应用，在章末以二维码的形式设置了思政理念、课程实施管理等内容，可供读者下载学习。

第2章至第5章规划了创新实验内容，分别为混沌理论在加解密领域的应用、智能家居系列创新实验系统设计、智能小车系列创新实验系统设计、人体健康系列创新实验系统设计。

第6章规划了一个大型创新实验项目，为音频信号采样、分析、传输及显示实验，通过各种方式传输并显示音频信号。本实验项目需要学生合作完成，从而可以培养学生的团队意识与协作能力。

第7章介绍了电子系统设计制作及调试方法。

附录介绍了课程升级所需的资料模板及考核评分标准等。

由于编者水平有限，书中难免有不足之处，敬请读者批评指正。

作　者

2022年10月

目　　录

第 1 章　概　　述

1.1　创新的基本理念

人类的思维一方面是认识世界，了解现实世界的真实现象和发展规律的活动；另一方面是改造世界，即通过所掌握的规律来让现实世界变得更加适合于自身的生存和发展的活动。而改造世界的活动往往涉及创新，创新思维能力是人类各种能力中级别最高的，这种能力不是与生俱来的，而是通过后天培养锻炼出来的，因此创新思维能力的培养显得尤为重要。创新的构成要素一般包括以下几个方面：

(1) 创新意识。创新意识可分为两个方面：一是从外部因素来看，创新是这个时代的潮流，各类专业对学生创新能力的培养都有要求，教师在课堂教学中会给学生安排具体创新任务；二是从内部因素来看，学生个人的创新意愿、兴趣爱好也决定了其在创新方面的积极性。这两方面相结合是创新意识的前提。

(2) 知识视野。学生如果选择某一课题进行创新活动，前期需要通过各种途径收集资料，如查找相关教材、期刊论文、专利材料或产品资料等，充分了解该课题领域现状，再以此为基础进行创新，这一阶段的工作将决定创新活动的起点。

(3) 创新思维。创新活动通常需要结合各种思维方式，如收敛性思维、逻辑思维、联想思维、逆向思维、发散性思维等，这些创新思维能力培养在目前的课堂教学或实验中往往比较缺失，需要设置相应的教学环节或方法来强化学生这方面的能力。创新思维能力可以决定学生创新活动的方向和目标。

(4) 创新技能。分析解决问题的能力、实践动手能力(如设计、制作、调试等能力)、团队协作能力等决定创新的快慢，另外创新的恒心和毅力等因素决定创新的持久性，这几个因素都属于创新技能，它们综合起来可以决定创新的高度。

1.2　创新途径及应用

1. 创新思维层面

创新可以在现实基础上，运用各种思维方式来进行。

1) 收敛性思维

收敛性思维是将注意力集中在某个研究对象上，通过已有的经验、知识或技术来改进或完善它，致力于解决该对象的某一个问题的思维活动。比如超声测量项目，我们可以将注意力集中在测量指标方向上，结合实际，规划提升超声测量的精度和稳定性。如超声波传输速度受温度变化的影响，导致其测量不够准确，故我们来考虑如何进行温度补偿。再如解决测量盲区问题，由于超声波发射时会向不同方向衍射，发射波有一部分会不经反射，直接到达接收头，导致无法区分接收头收到的信号是直射波还是反射波，不过这种现象只出现在测量距离很近的时候，也就是在所谓的盲区中。对于以上问题我们可以用物理方法解决，如把参照零距离设计在发射和接收头前面一段距离(盲区以外)，然后在测量结果中减去这个附加的距离。

2) 逻辑推理思维

人们在认识世界的过程中，借助于已有的概念进行判断、推理等的思维过程就是逻辑思维。逻辑推理有助于把概念转换成知识或者功能，因而通过这一思维可以获得新的知识或功能。

比如：既然超声波能测量距离这个一维参数，那么通过逻辑思维可以推断超声波应该能够测量二维、三维的参数，由此可以设计超声波测量二维面积、三维体积的系统。在实现方式方面，如果待测面积或体积为规则形状(如标准的长方形或立方体)，可以通过增加测量探头的方案进行；测量长方形面积，可采用两个垂直方向的探头，分别测量长、宽参数，然后二者相乘得到面积；测量立方体体积，可以再增加一个探头，三个探头分别测量长、宽、高参数，然后三者相乘得到体积。如果待测量面积或体积为不规则形状，则可以将探头安装到云台上，在水平和垂直方向扫描，用积分方式算出待测面积或体积。

3) 联想式思维

事物之间往往都存在着一定的联系，联想式思维是将表面看来互不相干的事物联系起来，积极寻找事物之间的对应关系，找到不同事物的结合点，研究结合后的好处，从而达到创新的效果。

根据这一思维过程，可以将超声测距技术与其他技术相结合，如超声测距技术与语音技术结合，在超声测量系统中增加语音识别和语音播报的模块从而设计出给盲人使用的超声测量系统，使盲人可以通过语音识别功能操作该系统，并通过语言播报功能获得测量结果。

4) 逆向思维

逆向思维有别于常规的习惯性思维，是有意识地从习惯性思维的反方向去思考问题的思维方式。根据这一思维方式，可以在超声测量系统中发现解决其他问题的方法，如借助超声测量技术测量温度。

超声测量技术通常多应用于测量距离，人们一般把注意力集中在如何提高测距的功能指标上，比如用温度补偿来提高测量精度，带温度参数的超声测距公式是

$$s=\frac{vt}{2}=\frac{(331.5+0.607T)t}{2} \tag{1.1}$$

其中，s 是距离、t 是往返时间、T 是温度。结合逆向思维，我们可以考虑用超声波来测量温度，规划超声测温的系统。依据超声测距公式，可以得出

$$T=\frac{\frac{2s}{t}-331.5}{0.607} \tag{1.2}$$

即当距离一定时，通过测量超声波的传输时间得到当前的温度。

再如，避障系统旨在检测到障碍物后绕开障碍物。用逆向思维可以把这个系统变成一个跟踪系统，即把障碍物变成跟踪目标，当检测到该跟踪目标后一直跟随它。在应用方面，我们可以考虑设计类似自动跟踪行李箱之类的作品。

5) 发散性思维

人类的行动自由可能会受到各种现实条件的限制，但其思维活动却有无限的空间，任何外界因素无法限制。正是基于这一特点，发散性思维是一种更灵活开放的思维，其过程是从某一点出发，从各个方向，不设定范围，任意发散，其一般适用于某个系统的功能拓展或应用。

当对超声测距系统进行功能或应用范围的拓展时，我们可以考虑设置报警阈值，即超过阈值时系统自动报警；或将超声波测量应用于避障系统设计，或应用于盲人拐杖、盲人眼镜设计，增加远程遥控测量等功能。

2. 创新思维应用层面

创新思维可以将专业知识应用到环保、节能、公共服务、卫生保健、信息安全等领域。

1) 环保领域

我们可以设计测量空气中二氧化碳、甲醛、甲烷等气体浓度系统，水体中溶解氧、浑浊度、PH 值、电导率、盐度等参数监测系统，各种智能化垃圾识别及分类系统等。

2) 节能领域

我们可以设计太阳能、风能、水能转化成电能的各种装置。如节能路灯，利用太阳能电池供电，还可以通过热释传感器和光感传感器，检测到光线弱并且有人时开灯，其他时间不开灯。

3) 公共服务领域

我们可以设计和完善公交车语音报站及定位系统，公交车站显示各条线路车辆当前位

置系统，显示各条道路拥堵及提示信息的智能交通灯系统；还可以结合设计遥感测量记录行人体温、发现潜在病人的体温检测系统。

4) 卫生保健领域

我们可以设计人体生理信号(如血压、脉搏、心电、肺活量等)测量和诊断系统，如各种测量人体运动量的智能手环；还可以设计智能药盒，实现提醒患者服药时间、服药剂量、自动取药、家人或者医生远程监控等功能。

5) 信息安全领域

我们可以设计语音传输加密解密系统，文字收发加密解密系统，图像传输加密解密系统，遥控锁密码加密解密系统等。

读者可扫描以下二维码获取本书关于思政理念、课程实施管理等内容。

思政理念对创新层次的提升

第 2 章　混沌理论在加解密领域的应用系列创新实验

混沌现象是非线性动力学系统中出现的类随机过程，这种过程既非周期也不收敛。混沌区域的数据具有迭代不重复性、初值敏感性和参数敏感性等特征。混沌系统对初值非常敏感，在初值相差很小的不同条件下，经过有限次运算后其轨迹发生折叠分离，初值造成的误差迅速被放大，从而造成混沌系统的长期不可预测性。因此，混沌和密码学之间具有天然的联系和结构相似性，将混沌理论应用于密码学逐渐引起了国内外众多学者的重视，也为各种信息加解密系统的设计提供了新的思路和方法。

本章规划了具有代表性的混沌加解密系列实验，如图 2-1 所示，具体如下：

(1) 混沌数字水印加解密实验：使用混沌序列，结合水印图像加解密算法以及相应的水印嵌入提取算法，实现水印信息的加解密、嵌入和提取。

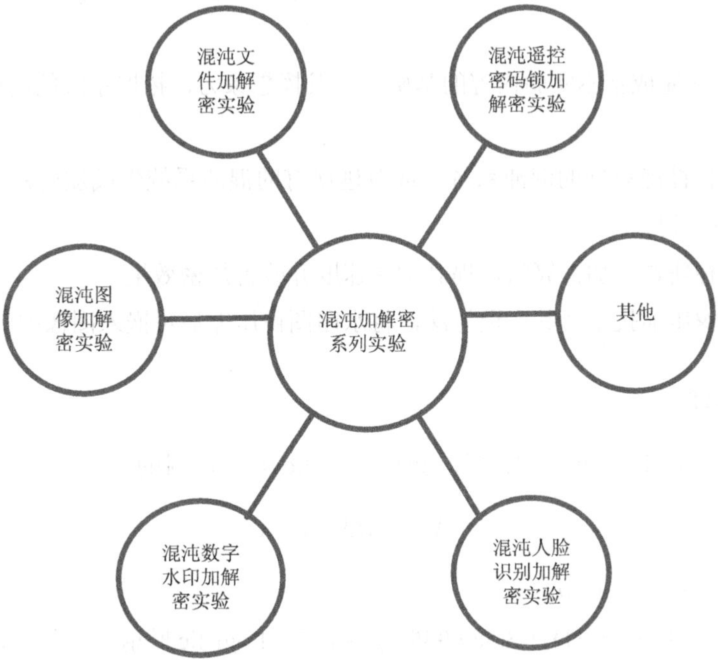

图 2-1　混沌加解密系列实验

(2) 混沌图像加解密实验：使用混沌序列，结合图像加解密算法，实现任意图像的加解密。

(3) 混沌文件加解密实验：使用混沌序列，结合文本文档等文件的加解密算法，实现文件的加解密。

(4) 混沌人脸识别加解密实验：基于 Python 编程环境实现摄像头识别人脸信息，并利用 Logistic 映射产生混沌序列对人脸信息进行加解密，编程实现 GUI 界面查看人脸信息的识别和加解密过程。

(5) 混沌遥控密码锁加解密实验：使用混沌序列，结合数据流的加解密算法，实现对遥控指令的加解密。

2.1　混沌数字水印加解密实验

2.1.1　实验目标

本实验基于 Matlab 工具实现水印图像加解密算法以及相应的水印嵌入提取算法，将加密后的水印信息嵌入到载体图像中进行传输。实验利用 Matlab 的 GUI 技术设计了图形界面，具有良好的人机交互性。使用者可自行设置 6～10 位的密钥参数对水印图像信息进行加密，加密完成后并保存下来用于实现数字水印的嵌入。完成水印嵌入后保存效果图，对其进行水印提取操作并将提取到的加密水印进行解密操作，即可得到原始水印图像。

拓展部分：在完成基本实验内容的基础上，发挥想象力，拓展系统的功能或者提升系统的技术指标。

(1) 采用随机性能更好的混沌系统，或改进现有的混沌系统生成加密密钥，获取随机性能更好的混沌序列。

(2) 提出一种新颖的加密算法，提高加密速度并改善加密效果。

(3) 研究图像压缩技术及其实现方法，将水印图像压缩后再嵌入图像中。

2.1.2　实验原理

本实验采用一维 Logistic 映射进行混沌加密。Logistic 映射的定义为

$$X_{K+1} = \mu X_K (1 - X_K) \tag{2.1}$$

式中，μ 称为分支参数，$0 \leqslant \mu \leqslant 4$。

研究发现：当 $X_K \in (0，1)$ 且 $3.569\,945 < \mu \leqslant 4$ 时，Logistic 映射工作处于混沌状态。本实验中 μ 取 3.99，初始值 $X_1 \in (0，1)$。

水印信息加密的具体过程如下：

(1) 提取 Logistic 离散映射产生的混沌序列。

(2) 将混沌序列生成二值序列。

(3) 将二值序列与水印图像的各个像素点进行异或运算改变像素值，然后通过一定的方式置换像素点位置，实现数字水印的加密。

嵌入水印信息的流程和提取水印信息的流程如图 2-2 所示，载体图像大小要求是水印图像大小的 2 倍以上。

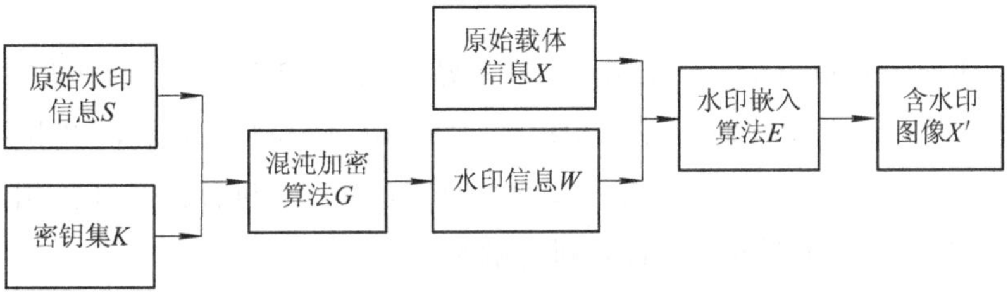

(a) 嵌入水印信息流程图

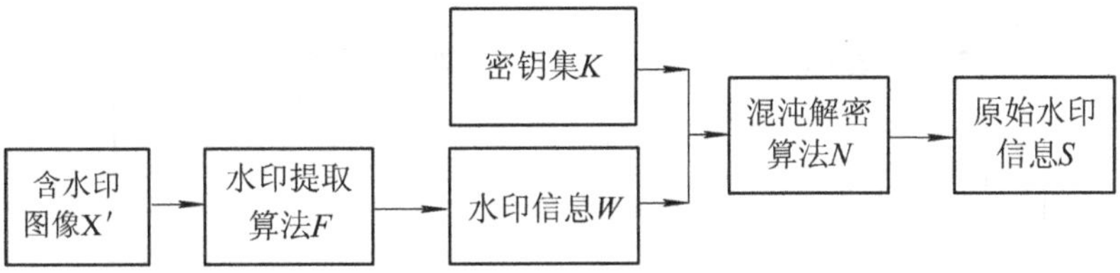

(b) 提取水印信息流程图

图 2-2　水印嵌入和提取流程图

图像数字水印嵌入提取过程中各步骤涉及每项的含义如下：

X 表示嵌入水印的原始载体信息；

S 表示嵌入载体中的原始水印信息；

K 表示混沌序列生成的密钥集；

G 表示混沌加密算法；

W 表示加密后的水印信息；

E 表示水印嵌入算法；

X' 表示含水印信息的图像；

N 表示混沌解密算法；

F 表示水印提取算法。

2.1.3　实验内容

本实验设计的混沌数字水印加解密系统基于 Matlab R2018a 及以上版本工具软件，在

Windows 操作系统上运行的混沌数字水印系统。本系统包含五个 Matlab 程序和两个 GUI 界面，即五个 Matlab 程序和两个 GUI 界面放在同一文件夹中。五个 Matlab 程序分别是：两个运行主程序 gwyjiami.m 和 gwyjiemi.m，加密算法程序 jiami.m，解密算法程序 jiemi.m，进度条程序 parfor_progressbar.m。GUI 界面是利用 Matlab 的 GUI 技术设计的，名称为 gwyjiami.fig 和 gwyjiemi.fig，分别为加密界面和嵌入水印界面。

在 Matlab 软件中运行主程序 gwyjiami.m 时，系统会调出加解密界面；运行 gwyjiemi.m 时，系统会调出嵌入水印界面。单击界面中的各项功能，系统会自动调用后台加密、解密等程序。

运行主程序 gwyjiami.m 时，系统调出加解密界面，如图 2-3 所示。选中图中加密按钮，单击文件→打开，打开要进行加密的水印图像，输入 6～10 位加密密钥，单击开始按钮，即可进行加密。选中图中解密按钮，单击文件→打开，打开要进行解密的水印图像，输入 6～10 位解密密钥，单击开始按钮，即可进行解密。

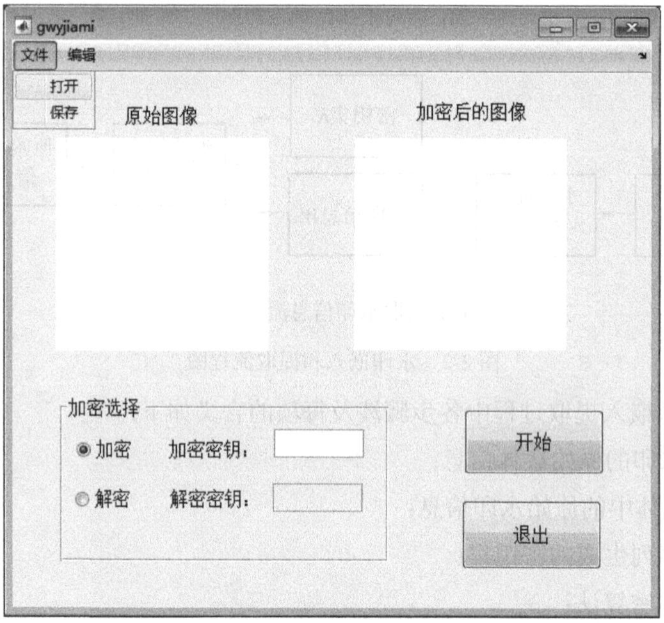

图 2-3　图像加解密界面

运行主程序 gwyjiemi.m 时，系统调出嵌入水印界面，如图 2-4 所示。选中图 2-4(a)中嵌入水印按钮，单击文件→打开图像，载体图像出现在图框中，单击文件→打开水印，即可打开水印显示在图框中，最后单击开始按钮，即可进行水印嵌入操作。

选中图 2-4(b)中提取水印按钮，单击文件→打开图像，打开嵌入水印后的图像显示在图框中，在水印维数图框输入嵌入的水印图像大小。例如，水印图像大小为 128 × 128 像素，水印维数图框内从上到下依次输入 128、128、3，其中 3 表示彩色空间(如果是灰度图为 2)，最后单击开始按钮，即可进行水印提取操作。

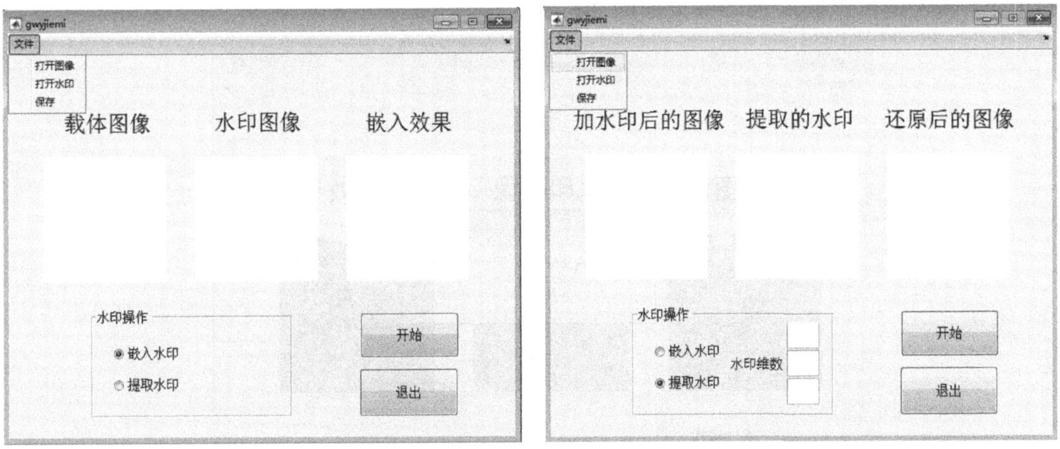

(a) 嵌入水印界面　　(b) 提取水印界面

图 2-4　水印界面

2.1.4　实验结果

1. 水印图像加密

本实验采用的水印图像大小为 128 × 128 像素。选中界面中的加密按钮，输入加密密钥，水印图像加密界面如图 2-5 所示。完成加密后，单击文件→保存，将加密后的图像保存到本地用于水印的嵌入。

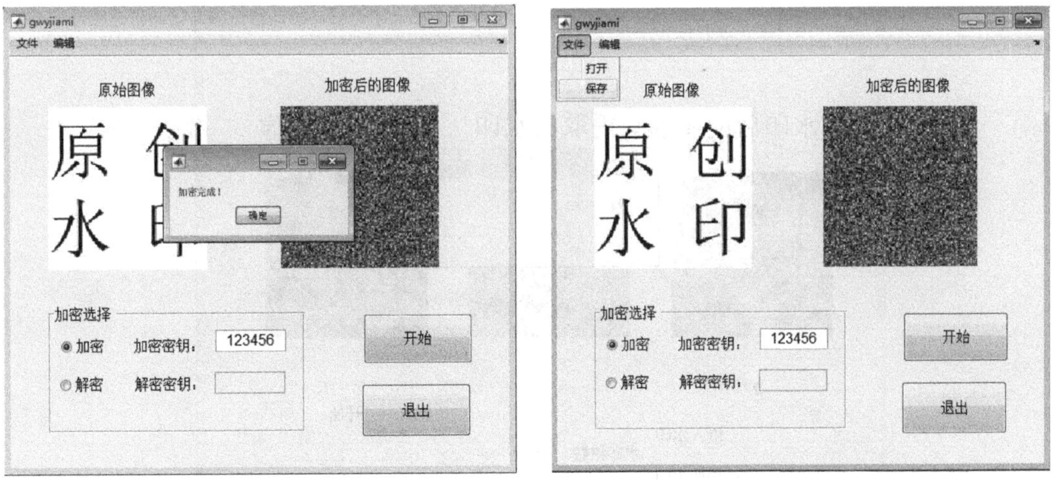

(a) 水印加密界面　　(b) 水印图像加密效果图

图 2-5　水印图像加密界面

2. 嵌入加密后的水印图像

本实验采用的载体图像大小为 512 × 512 像素。运行水印嵌入主程序，选中界面中嵌入水印按钮，打开载体图像和加密后的水印图像显示在图框中，单击开始按钮，即可进行水印图像嵌入操作。嵌入水印效果如图 2-6 所示。

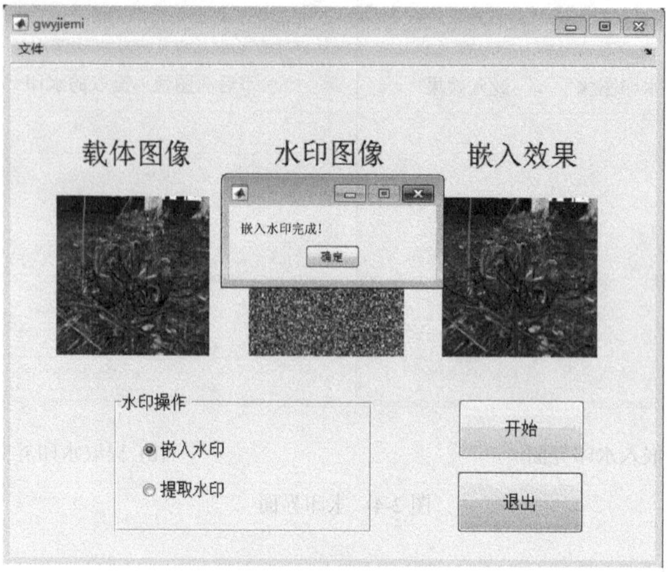

图 2-6　嵌入水印效果图

3. 提取加密后的水印图像

选中界面图中提取水印按钮，打开嵌入水印后的载体图像显示在图框中，输入水印维数，单击开始按钮，即可进行水印图像提取操作。水印提取效果如图 2-7 所示。

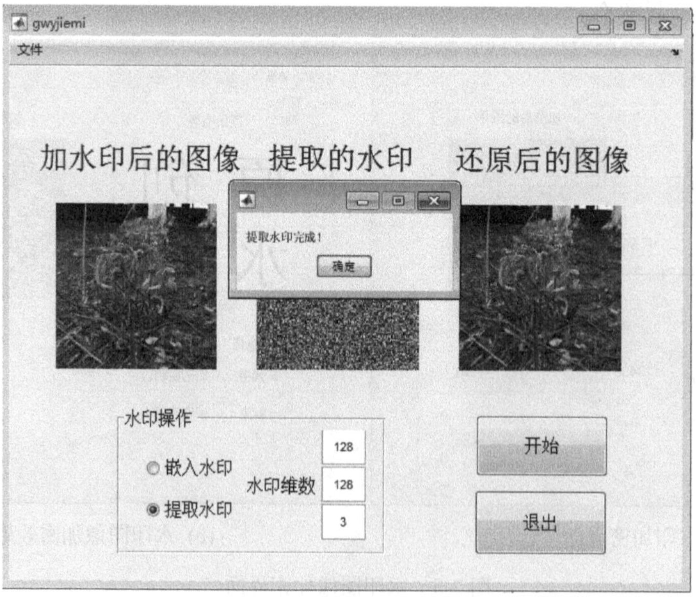

图 2-7　水印提取效果图

4. 解密提取到的水印图像

选中界面图中解密按钮，输入和加密密钥相同的解密密钥，单击开始按钮，即可进行解密水印图像操作。水印解密效果如图 2-8 所示。

图 2-8　水印解密效果图

2.2　混沌图像加解密实验

2.2.1　实验目标

本实验基于 Matlab 工具和 Matlab 的图形界面(Graphical User Interface，GUI)技术编写的可实现对彩色图像进行加密和解密的混沌图像加解密系统，可根据该混沌数字图像加密系统对任意图像加密。使用者可自行设置 6～10 位的密钥参数对图像信息加密，即可获得加密后的密文图像，并将它保存下来。只有输入正确密钥才能将加密后的密文图像正确解密，从而获得原始图像信息。

拓展部分：在完成基本实验内容的基础上，发挥想象力，拓展系统的功能或者提升系统的技术指标。

(1) 采用随机性能更好的混沌系统，或改进现有的混沌系统生成加密密钥，获取随机性能更好的混沌序列。

(2) 提出一种新颖的加密算法，提高加密速度并改善加密效果。

(3) 将加密后的图像嵌入载体图像进行保存和传输，进一步保证图像传输的安全性。

2.2.2　实验原理

目前，用于图像加密的典型混沌系统有三种：一维的 Logistic 映射、二维的 Henon 映射、三维的 Lorenz 映射。其中，Logistic 映射是一类非常简单且被广泛研究的非线性动力学系统，本实验选用该混沌系统完成图像像素值的置乱。

Logistic 映射的定义为

$$X_{K+1} = \mu X_K (1 - X_K) \tag{2.2}$$

式中，μ 为分支参数，$0 \leqslant \mu \leqslant 4$。研究发现：当 $X_K \in (0,\ 1)$ 且 $3.569\ 945 < \mu \leqslant 4$ 时，Logistic 映射工作处于混沌状态。

原图像像素值的置乱是通过改变原图像的直方图分布情况，从而保护原图像像素灰度值的分布信息，使加密图像能有效地抵抗对图像进行分析统计的攻击。所谓“置乱”，就是将图像的信息位置打乱，如将 *a* 像素移动到 *b* 像素的位置上，*b* 像素移动到 *c* 像素的位置上等，使其变换成杂乱无章难以辨认的图像。

本实验采用的置乱方法基于 Logistic 映射产生的混沌序列对图像像素值进行扰乱，加密算法的原理如下：

(1) 假设原图像的大小为 $M \times N$ 像素，选取参数 μ，对 Logistic 映射进行迭代产生混沌序列。

(2) 对得到的混沌序列进行置乱，置乱规则参见提供的加密程序。

(3) 置乱后产生一个与原图大小相同的 0 矩阵，再利用异或算法对该矩阵进行异或运算，异或算法参见提供的加密程序。

(4) 加密密钥是参数 μ 和混沌序列的初值，解密过程与加密过程相反。

2.2.3　实验内容

本实验设计的混沌图像加解密系统整体设计流程如图 2-9 所示，用户选择加密(或者解密)操作，再根据选择打开明文图像(或者密文图像)，输入对应密钥，软件即可根据用户的选择与输入对打开的图像进行相应操作。软件在完成加密后，可随时修改加密密钥，新的加密图像会覆盖原有密文图像，用户可根据需要保存图像。

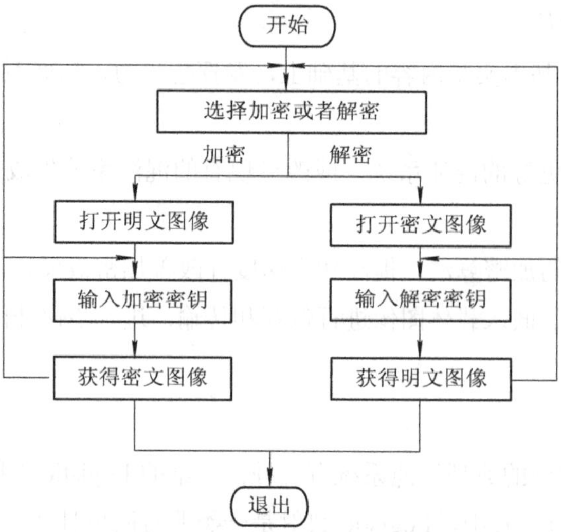

图 2-9　混沌图像加解密系统整体设计流程图

本实验所设计的混沌图像加解密系统基于 Matlab R2010b 及以上版本或 7.14 及以上版本工具软件，是在 Windows 操作系统上运行的混沌图像加解密系统。本实验包含三个 Matlab 程序和一个 GUI 界面，三个程序分别是一个运行主程序 jsyjiami.m，加密算法程序 jiami.m 和解密算法程序 jiemi.m；GUI 界面是根据主程序利用 Matlab 的 GUI 技术所设计的 jsyjiami.fig。首先将三个 Matlab 程序和 GUI 界面放在同一文件夹中，在 Matlab 软件中打开三个程序，运行主程序时，系统会调出 GUI 界面，单击界面中的各项功能，系统会自动调用该功能后台程序。

混沌图像加解密系统操作界面如图 2-10 所示，简洁直观，功能集中，操作简单。使用软件加密时，用户打开需加密的图像，输入加密密钥作为混沌系统的初始条件，混沌系统产生随机序列加密用户打开的图像，加密完成后用户还可选择保存密文图像信息。解密时，用户打开密文图像后，需输入加密密钥才能将密文图像正确解密，得到加密的图像信息。

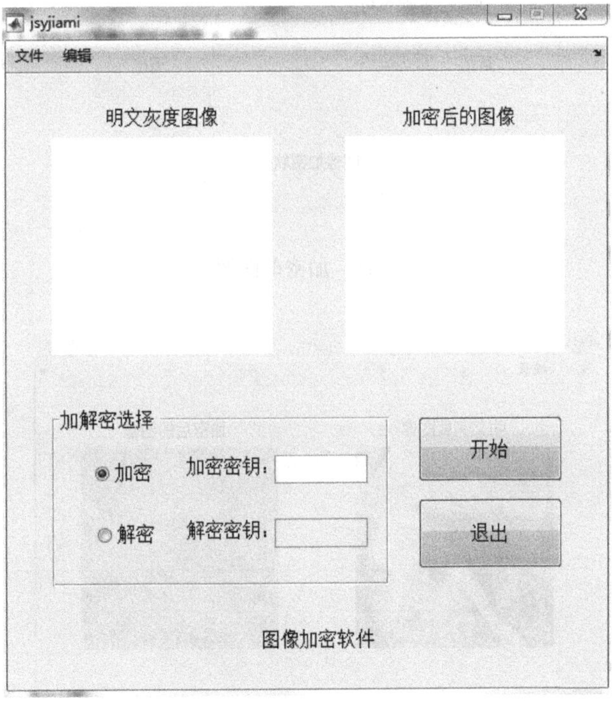

图 2-10　混沌图像加解密系统操作界面

2.2.4　实验结果

打开任意原始图像时，如果需要加密图像的像素比较大，打开原始图像需要一定的时间，选择打开图像后会有一定的延迟，才能在相应的位置上显示。用户选择解密按钮，在菜单栏选择加密后的密文图像，并输入加密该图像时所用的加密密钥，单击开始按钮，系统自动调用后台解密程序，产生与加密密钥相同的解密密钥，对密文图像进行解密。混沌图像加解密系统界面分为图像显示区、加解密选择区、密钥输入区、按键控制区，输入经典的 lena(莱娜)图像进行测试，测试过程如图 2-11～图 2-14 所示。

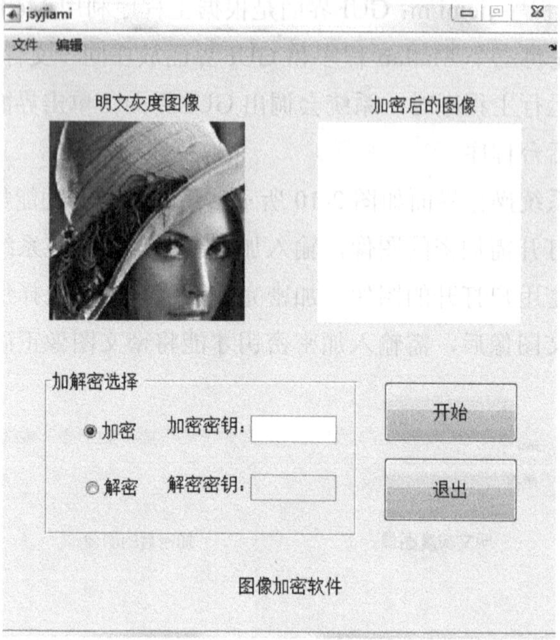

图 2-11　加密前图像

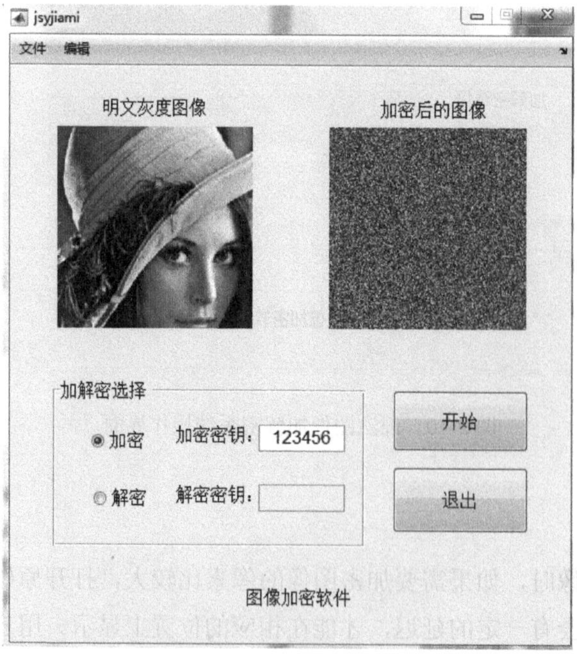

图 2-12　加密后图像

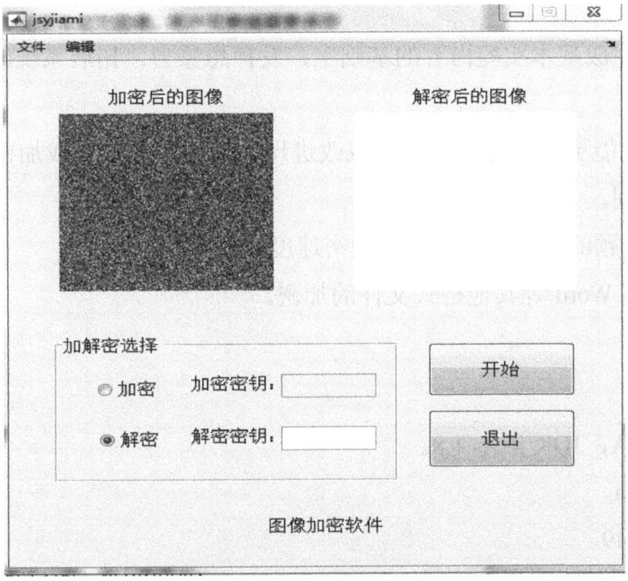

图 2-13　解密前图像

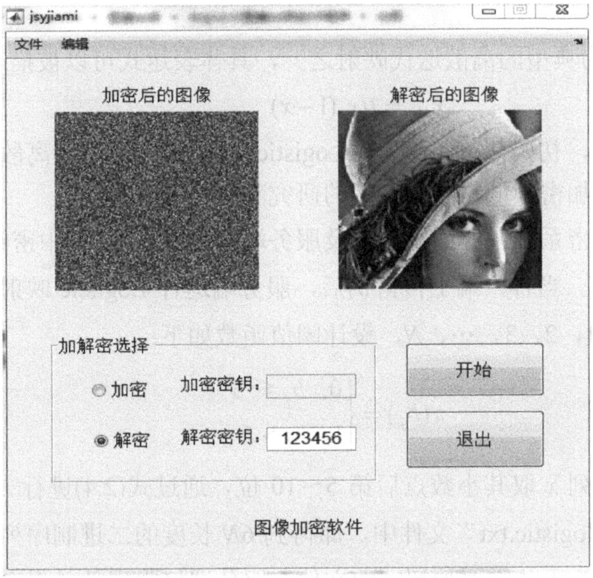

图 2-14　解密后图像

2.3　混沌文件加解密实验

2.3.1　实验目标

本实验基于 Logistic 映射实现对文本文档等文件的加解密功能，用户通过设置密钥对文件进行加密，解密时必须输入相同密钥才能正确解密，安全性高，同时可通过局域网交互，方便快捷。

拓展部分：在完成基本实验内容的基础上，发挥想象力，拓展系统的功能或者提升系统的技术指标。

(1) 采用随机性能更好的混沌系统，或改进现有的混沌系统生成加密密钥，获取随机性能更好的混沌序列。

(2) 提出一种新颖的加密算法，提高加密速度和加密效果。

(3) 可考虑实现 Word 等其他格式文件的加密。

2.3.2 实验环境

(1) IntelliJ IDEA，JDK 版本 1.8。

(2) Matlab2018a。

(3) Tomcat 8.5.49。

2.3.3 实验原理

Logistic 映射作为典型的离散迭代映射之一，具体表达式可以被描述为

$$x_{n+1} = \mu x_n (1 - x) \tag{2.3}$$

式中，参数 $\mu \in (0,4)$，初始值 $x_0 \in (0,1)$。Logistic 映射是一维区间离散映射，能产生复杂的混沌行为，因此在加密领域得到了大量的研究和应用。

本混沌文件加解密系统主要由客户端及服务端两部分组成，其中密钥设置为初的值 x_0、参数 μ 及迭代次数 N。当客户端上传密钥后，服务端运行 Logistic 映射函数程序，得到混沌序列 x_n，其中 $n = 1，2，3，\cdots，N$，设计阈值函数如下：

$$x(b_j) = \begin{cases} 0, & b_j \leqslant 5 \\ 1, & b_j > 5 \end{cases} \tag{2.4}$$

对每一个混沌序列 x 取其小数点后第 5～10 位，通过式(2.4)进行二进制转换，得到 6 位二进制数并写入“logistic.txt”文件中，即得到 $6N$ 长度的二进制序列。随后客户端页面跳转至上传页面，用户上传需要加解密的文件，服务端接收文件并保存。接着服务端读取二进制“logistic.txt”文件，将每 6 个二进制数转换成十进制数写入十进制“logistic.txt”文件中，作为异或加解密的密钥。然后通过 Buffered Input Stream 字节流读取需要加解密的文件并与十进制“logistic.txt”中的十进制密钥进行异或加解密，最后将加解密之后的结果返回给用户。

异或加解密原理：假设加密时读取到的内容为 a，十进制数为 b，经过异或加密后得到的结果为 c，即 $a \oplus b = c$ (其中 $\oplus$ 表示异或运算)；当解密时，只需保证得到相同的十进制数 b，便可得到 a，即 $c \oplus b = a$。十进制数是由 6 位二进制数产生的，二进制数是由 Logistic 映射产生的混沌序列转换而来的，因此只需保证解密时系统产生的混沌序列与加密时相同

即可正常解密，实验原理如图 2-15 所示。

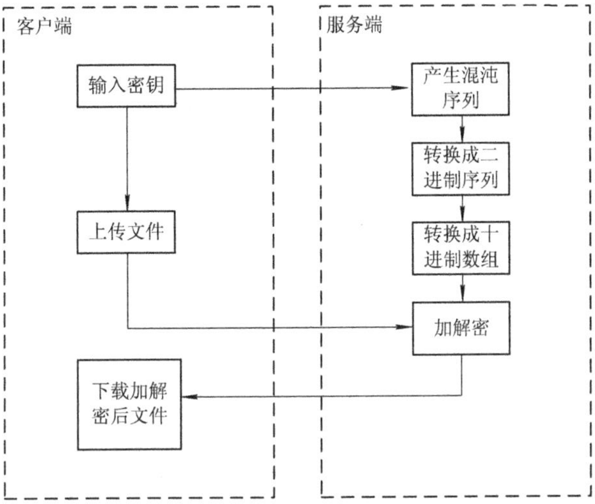

图 2-15　实验原理图

2.3.4　实验内容

实验内容具体如下：

(1) 通过 IntelliJ IDEA 软件打开项目 ChaosEncryption，若第一次使用 IntelliJ IDEA，需要配置 JDK 环境及 Tomcat 服务器(需要下载 JDK1.8 及 Tomcat 服务器)。首先通过 IntelliJ IDEA 打开项目，然后点击菜单栏 file→Project Structure 修改 JDK，如图 2-16 所示。

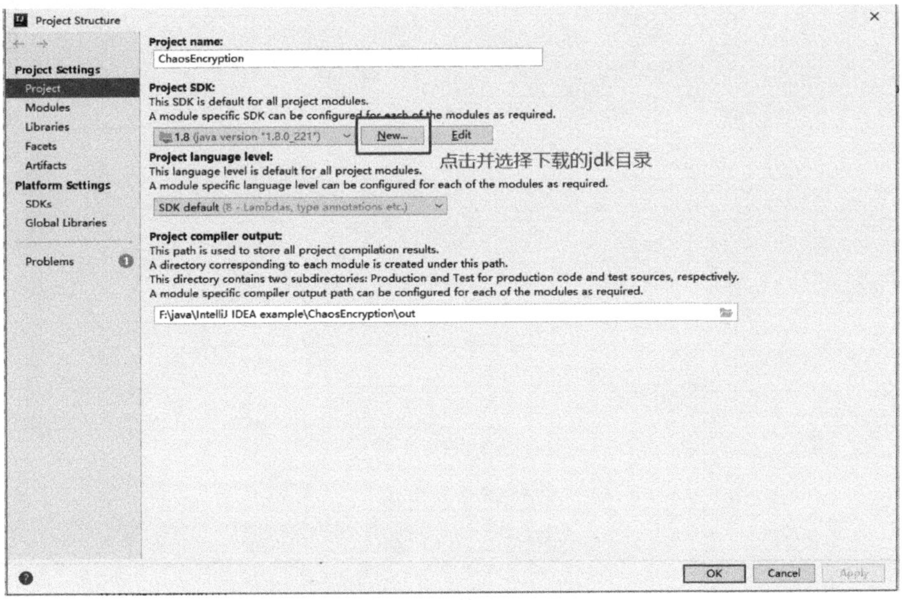

图 2-16　修改 JDK

(2) 在项目右上角单击 Edit Configurations 并添加本地 Tomcat，配置 JDK 如图 2-17 所示。

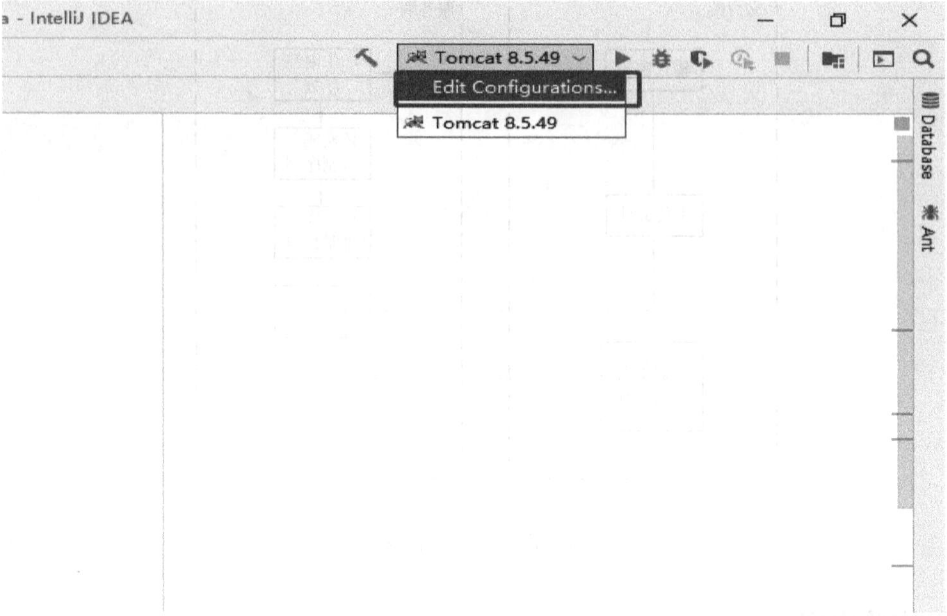

图 2-17　配置 JDK

(3) 服务端启动程序，如图 2-18 所示。

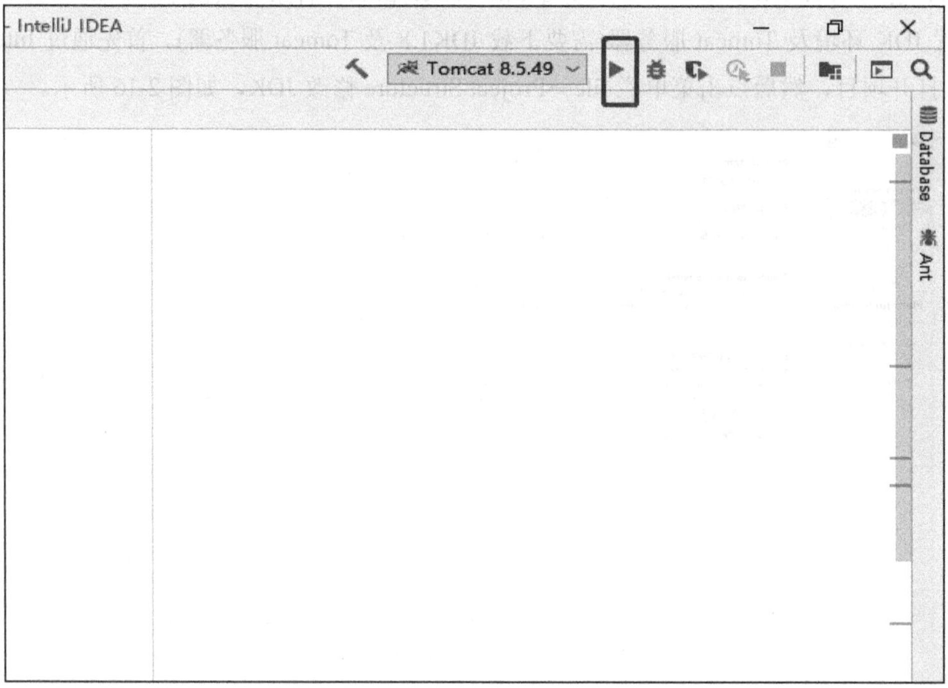

图 2-18　服务端启动程序

(4) 客户端输入密钥，如图 2-19 所示。

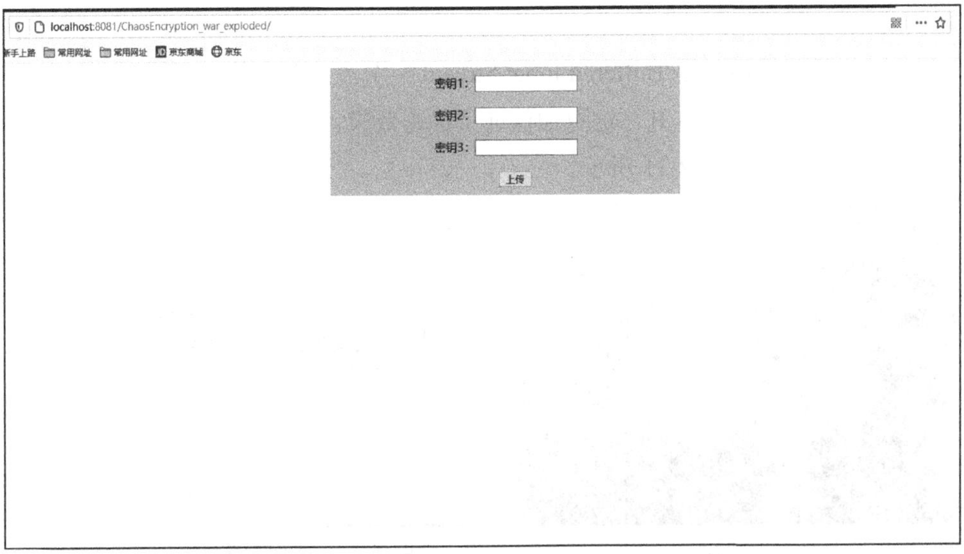

图 2-19　输入密钥界面

(5) 单击选择文件按钮，浏览本地需要进行加密的文件，随后单击上传按钮，如图 2-20 所示。

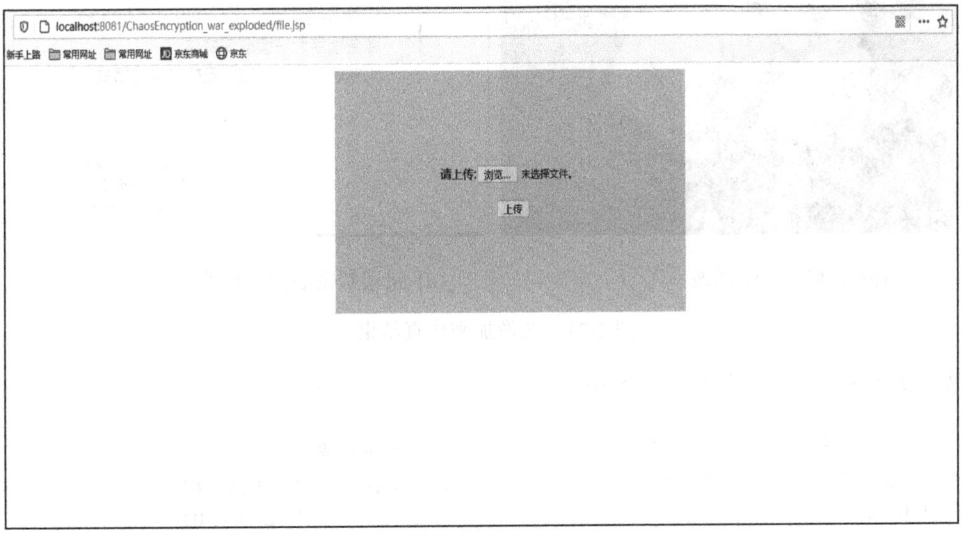

图 2-20　浏览文件界面

(6) 下载加密后的文件。

(7) 解密时，重新输入密钥并上传需要解密的文件。

注意：客户端和服务端为不同计算机时需要保证它们在同一局域网内，程序 Ten To Two 以及 Encryption Servlet 的目标文件所在位置根据自身情况调整。为了加密效果下载的文件取消了文件后缀，需要自行补全。

2.3.5　仿真实验结果

由于程序中加密采用的是 Buffered Input Stream 字节流读取文件，文件加密之后改变了原格式，使得文件无法正常打开，这更加保证了加密效果。

图像加密仿真结果如图 2-21 所示。

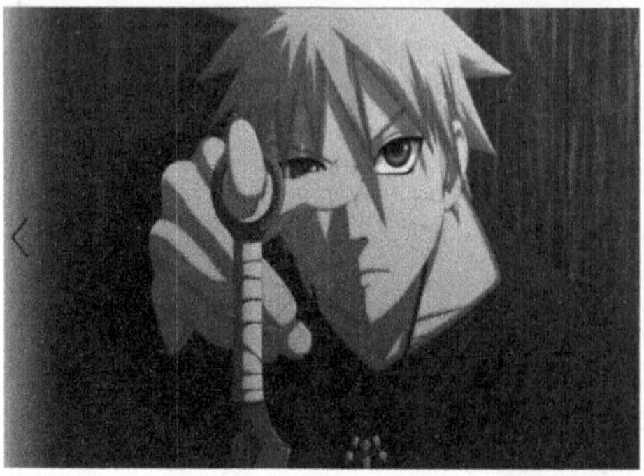

(a) 加密前图像

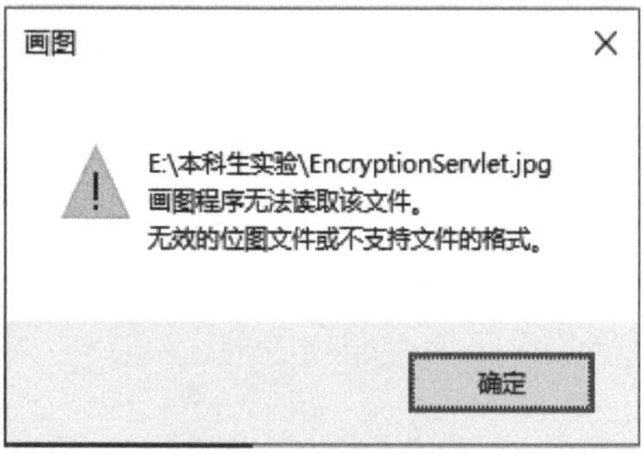

(b) 加密后图像无法打开

(c) 正确解密后图像

(d) 错误解密后图像依然无法打开

图 2-21　图像加密仿真结果

文本加密仿真结果如图 2-22 所示。

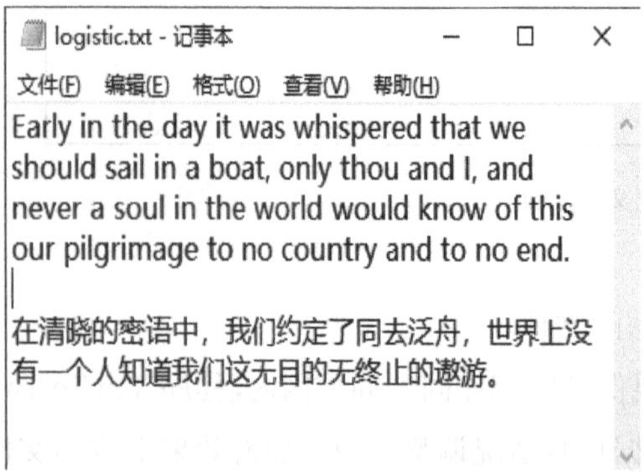

(a) 加密前文本

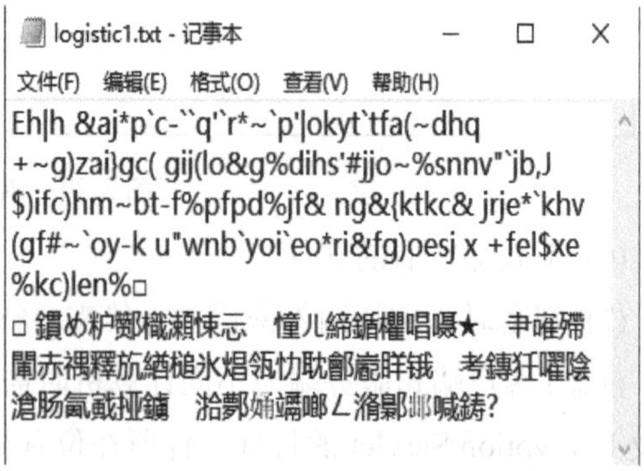

(b) 加密后文本

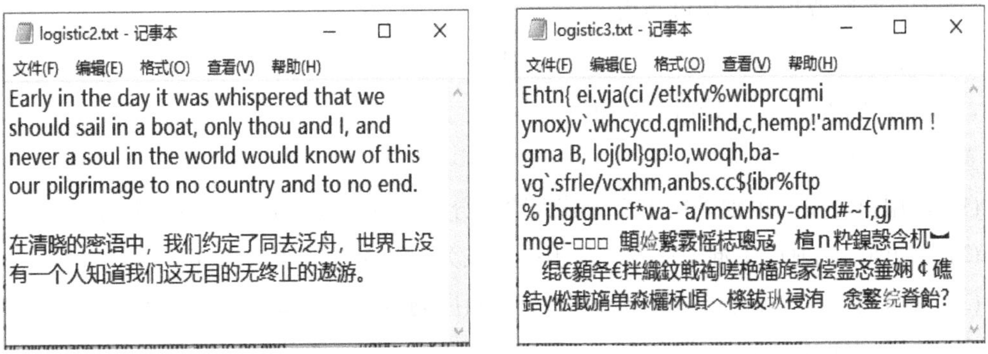

(c) 正确解密后文本　　　　(d) 错误解密后文本

图 2-22　文本加密仿真结果

2.4　混沌人脸识别加解密实验

2.4.1　实验目标

人脸识别是利用摄像头采集含有人脸信息的图像或视频，检测和跟踪其中的面部特征来进行识别的一系列相关技术。本实验基于 Python 编程环境实现摄像头识别人脸图像功能，并利用 Logistic 映射产生混沌序列进行加密，编程实现 GUI 界面查看人脸信息的识别和加解密过程。

拓展部分：在完成基本实验内容的基础上，发挥想象力，拓展系统的功能或者提升系统的技术指标。

(1) 采用随机性能更好的混沌系统；或改进现有的混沌系统生成加密密钥，获取随机性能更好的混沌序列。

(2) 提出一种新颖的加密算法，提高加密速度并改善加密效果。

(3) 提取并保存人脸信息。

2.4.2　实验原理

OpenCV 是一个基于 BSD 许可(开源)发行的跨平台计算机视觉和机器学习软件库，它提供了 Python、Java、Ruby 等语言接口，通过该库调用计算机的摄像头。在 Python 编程环境下，Face Recognition 库是用来管理和识别图像或视频中人脸的标准库，通过 Python 调用该库加载人脸模型，可实现识别人脸信息的效果。

通过 Logistic 映射产生混沌序列，并基于混沌序列实现置乱加密算法，对识别出的人脸部分信息进行加密，从而达到保护用户隐私的效果。

Logistic 映射或虫口模型可写为

$$x_{n+1} = \mu x_n(1 - x_n) \tag{2.5}$$

式中，参数 $\mu \in (0, 4)$，初始值 $x_0 \in (0, 1)$。

置乱加密过程如下：

(1) 调用摄像头并识别采集出每一帧人脸部分的数据，设人脸部分的大小为 $M \times N$。

(2) Logistic 映射产生混沌序列，从中提取长为 $M+N$ 的序列 $m = \{m_1, m_2, \cdots, m_{M+N}\}$。

(3) 对序列按升序(或降序)重新排列，获得新序列 $\tilde{m} = \{\tilde{m}_1, \tilde{m}_2, \cdots, \tilde{m}_{M+N}\}$。因为混沌序列不存在相同的元素，此方法可行。

(4) 把原序列 $m = \{m_1, m_2, \cdots, m_{M+N}\}$ 中每个元素在新序列 $\tilde{m} = \{\tilde{m}_1, \tilde{m}_2, \cdots, \tilde{m}_{M+N}\}$ 中的位置记录下来，得到相应的置乱地址 $p = \{p_1, p_2, \cdots, p_{M+N}\}$。

(5) 用置乱地址 $p = \{p_1, p_2, \cdots, p_{M+N}\}$ (置乱表)对当前帧识别的人脸图像进行置乱，对置乱后的人脸部分每个像素值加 90。

2.4.3　实验内容

创建 Python 编程环境，可在 Pycharm 编辑器下操作，在实验开始前，需要安装并导入 cv2、copy、numpy，tkinter 包，在终端 Terminal 中输入 pip install opencv-python 和 pip install python-tk，把关联 package 一起安装进去。将人脸识别数据 haarcascade_frontalface_alt2.xml 文件与程序文件放置在相同的目录后运行程序，可以实现实验效果。若想关闭摄像头，只需要按 q 键。混沌人脸识别加解密实验框图如图 2-23 所示。

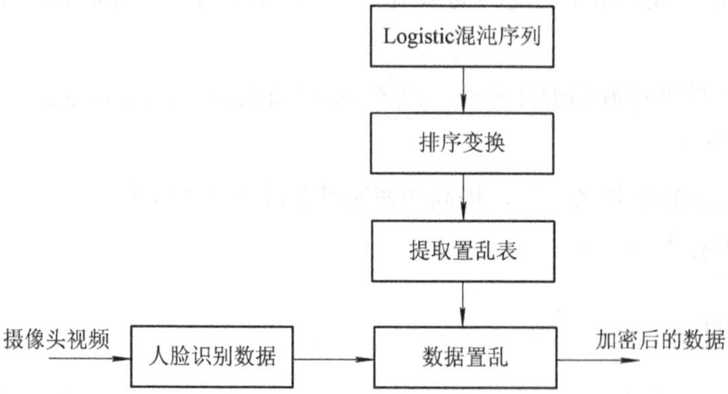

图 2-23　实验框图

2.4.4　仿真结果

以摄像头中的人脸为例，在 Pycharm 编辑器下的摄像头人脸识别控制按钮如图 2-24 所示。

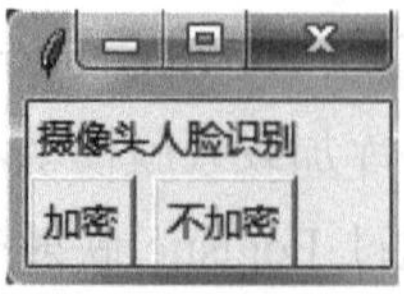

图 2-24　摄像头人脸识别控制按钮

当使用者单击不加密按钮，计算机仅仅启动摄像头进行识别，不会进行加密操作，如图2-25所示。当使用者单击加密按钮，计算机会启动摄像头进行人脸识别，同时实现加密效果，如图2-26所示。若想从一种模式切换到另一种模式，需要将启动的摄像头关闭，即按q键。

图2-25　摄像头人脸识别

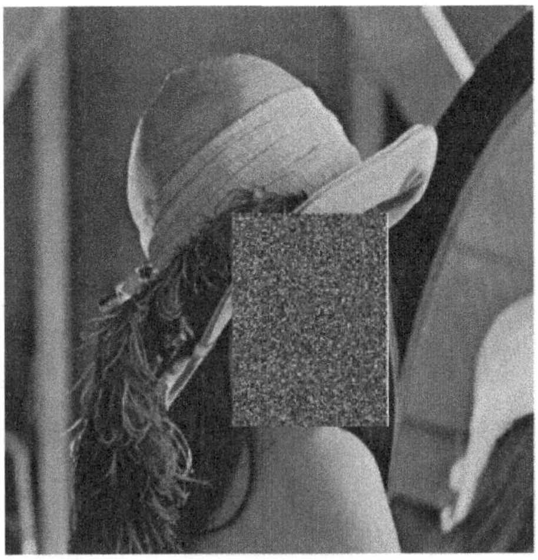

图2-26　人脸加密图

2.5　混沌遥控密码锁加解密实验

2.5.1　实验目标

最初的遥控密码锁的密码是固定的，通过增加密码的长度来提高其安全性。但这种固定密码容易被特制的接收器盗窃，从而降低密码锁的安全性。为解决这个问题，研究人员发明了滚动码技术，即在遥控系统增加了同步计数器，每次遥控操作时同步计数加1，与固定编码一起经加密算法加密后形成密文数据，并同键值等数据一起发送出去，同步计数自动向前滚动，发送的码字不会再发生。接收端接收到密文数据之后，通过设置的解密算法进行解密，判断一致后通知执行机构执行用户命令。由于滚动码技术中计数值的变化有规律，与固定编码一起加密，也存在被破解的风险。

基于上述问题，提出了一种将混沌密码与滚动码技术相结合的新型遥控密码锁，在发射和接收模块中植入相同的混沌映射函数，利用混沌函数产生的伪随机序列作为密钥，每遥控操作一次其发射和接收模块中的混沌映射迭代一次，用迭代后的新混沌序列产生新密码。这种加密方法每次使用的密码都不同，而且前一次使用的密码立即失效，做到"一次一密"，接收端在接受到密钥后进行算法比对，只有算法比对正确才能正常开锁。

拓展部分：在完成基本实验内容的基础上，发挥想象力，拓展系统的功能或者提升系统的技术指标。

(1) 采用随机性能更好的混沌系统，或改进现有的混沌系统生成加密密钥，获取随机性能更好的混沌序列。

(2) 提出一种新颖的加密算法，提高加密速度和加密效果。

(3) 采用其他遥控技术。

2.5.2 实验原理

混沌是非线性动力学系统所特有的一种运动形式，其信号具有丰富的非线性动力学特征。传统 Logistic 映射和 Tent 映射的缺点是映射范围较小，即使满映射也仅为[0，1]。映射范围小在数字系统中迭代易出现短周期现象。为此，本实验采用改进 Cubic 混沌映射为

$$x_{n+1}=\left|\frac{x_n^3}{a^2}-bx_n\right| \tag{2.6}$$

式中，a、b 为控制参数。当 $b\in(2.4, 3)$ 时，系统处于混沌状态，此时 x_n 的取值范围随着 a 的增大而倍增，满足 $x\in(0, 2a)$，且具有极其复杂的动力学行为。

1. Cubic 混沌映射基本动力学特性

系统的主要动力学特性可通过其 Lyapunov 指数和分岔图来描述。正的 Lyapunov 指数表明初值变化引起相邻运动轨道快速分离，通过伸展与折叠的反复运动形成混沌轨迹。负的 Lyapunov 指数表明相体积收缩，轨道在局部是稳定，对初始条件不敏感，初值变化引起相邻运动轨道靠近，形成周期轨道运动。

当参数 $a=10$、$x_1=1$ 时，变量 x 随 b 变化的分岔图如图 2-27 所示，Lyapunov 指数图如图 2-28 所示。

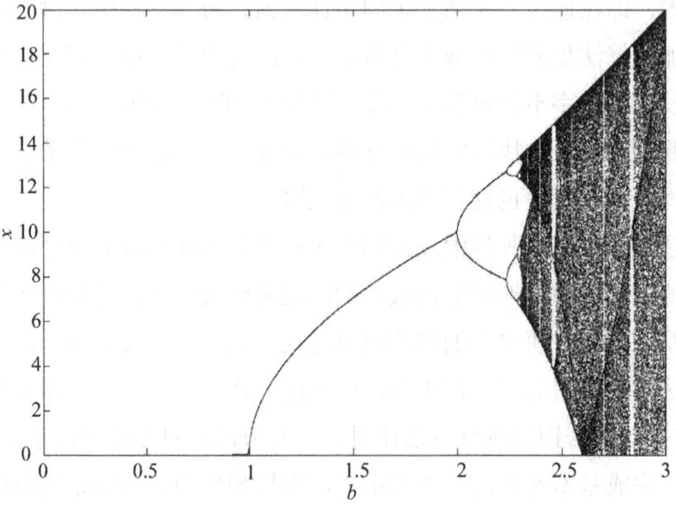

图 2-27 分岔图

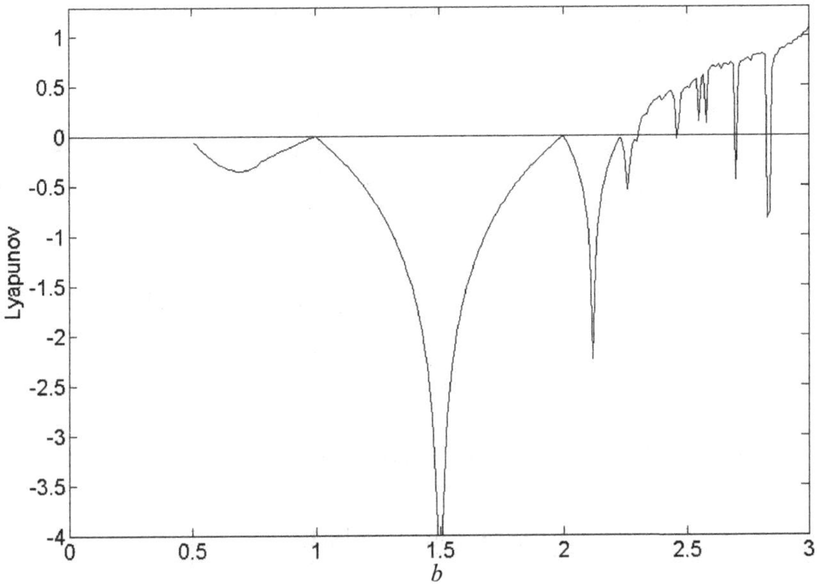

图 2-28　Lyapunov 指数图

由图 2-27、图 2-28 可知，系统在 $b\in(1,\ 2.4)$ 内，经过一个倍周期分叉过程，在 $b\in(2.4,\ 3)$ 时出现混沌现象。当 $b=3$ 时，Lyapunov 指数取得最大值，此时混沌系统为满映射。当 $b=3$、参数 a 与初值 x_1 取不同值时，其迭代值的时域波形如图 2-29、图 2-30 所示。由此可见，通过调整参数 a 可以控制 x 的变化范围处于 $x\in(0,\ 2a)$ 之间，这可以极大的扩大每次迭代值的范围。

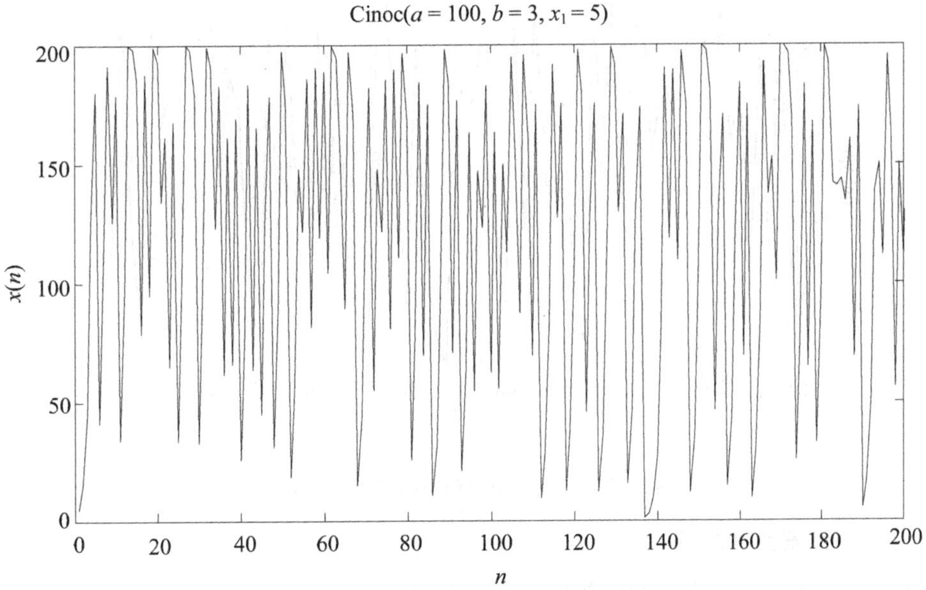

图 2-29　时域波形图(1)

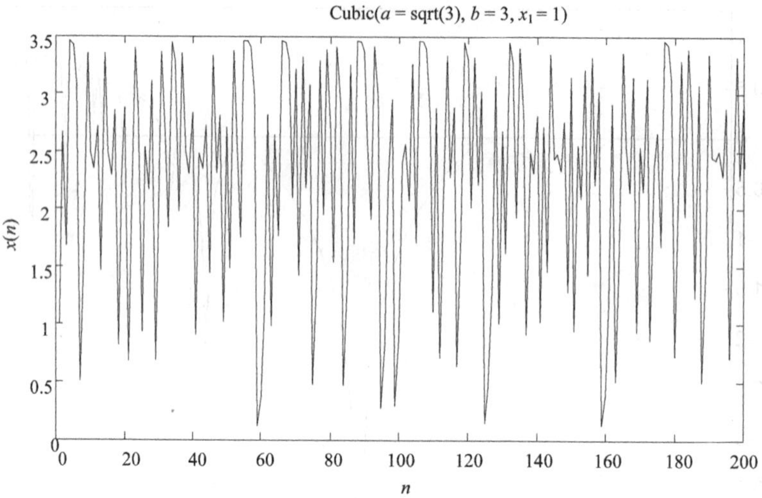

图 2-30　时域波形图(2)

对改进的 Cubic 映射进行初值敏感性测试，取 $b = 3$、$a = 123$，分别取初值 x_1 为 20.0000001 与 20.0000002 进行迭代运算的轨迹如图 2-31 所示，图中实线表示初值为 20.0000001 的迭代轨迹，虚线表示初值为 20.0000002 的迭代轨迹。两者的初始值仅相差 1×10^{-7}，但是通过 100 次迭代后，两个序列就互不相关了。由此说明：混沌序列对初值非常敏感。预置不同初值可以产生不同的混沌序列，因此混序列码源众多，其显然优于 m 和 Gold 等伪随机序列。

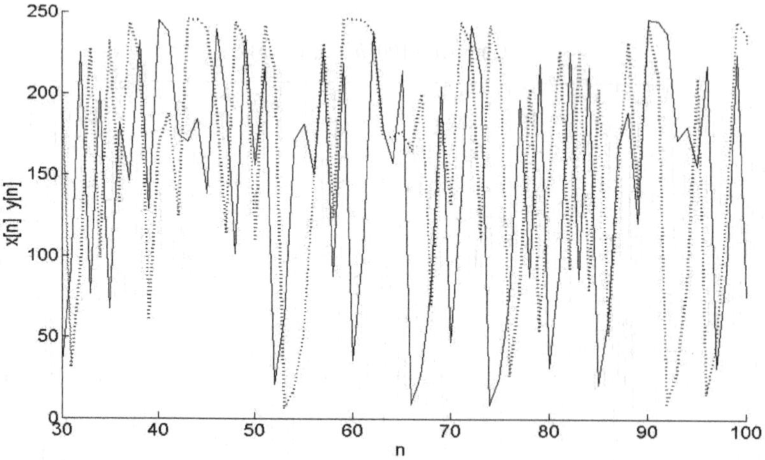

图 2-31　系统取不同初值时的迭代轨迹

2. 混沌序列安全性测试

采用 Cubic 混沌映射产生的伪随机序列作为密钥滚动码序列，其伪随机序列的性能直接影响系统的安全性。密钥序列的随机性能越好，加密的安全性也就越高。为了证明混沌数字序列是否具有良好的伪随机性，采用 NIST(美国国家技术与标准局)推出的测试软件包 STS 进行测试。

NIST 提供了两种性能评判的依据：

(1) 序列的通过率：通过统计测试结果，可以计算序列通过率。

(2) P-value 值的均匀分布：对每个性能项都会产生一个 P-value 值，它表明了序列的均匀性。若 P-value≥0.0001，则可认为测试序列 P-value 值是均匀分布的。

本序列测试取改进 Cubic 映射参数：$a = 123$、$b = 3$、$x_1 = 20$，进行 100000000 次迭代运算对其序列进行测试。序列测试结果如表 2-1 所示。

表 2-1　NIST 测试结果

统计测试指标	P-value	PROPORTION
Frequency	0.088762	0.9890
Block Frequency	0.442831	0.9890
Cumulative Sums	0.255705	0.9910
Runs	0.955835	0.9900
Longest Run	0.550347	0.9910
Non Overlapping Template	0.394195	0.9960
Overlapping Template	0.000185	0.9850
Universal	0.689019	1.0000
Random Excursions	0.162606	1.0000
Random Excursions Variant	0.025193	1.0000
Serial	0.320607	0.9860
Linear Complexity	0.422638	0.9880

由表 2-1 可以看出，测试序列全部通过性能测试。对改进 Cubic 映射取不同参数与初值进行多次 NIST 序列性能测试，表明其产生的混沌伪随机序列符合加密指标，且具有良好的序列性能，可以作为本实验的密钥序列。

3. 遥控密码锁系统总体设计

整个系统分为三个组成部分，无线发射器、无线接收器、电子锁。三者关系如图 2-32 所示。

图 2-32　系统总体结构框图

基于混沌方程产生的动态密码被无线发射器发射，由无线接收器接收到，并进行数据比对，若数据匹配，则由接收器控制开闭电子锁。

1) 遥控发射模块设计

在手机上基于 Android 环境的 Eclipse 开发工具，用 Java 语言开发了操作模块，包括简单的开闭锁界面以及相应的密码生成和发射接收程序，通过手机蓝牙模块发送开闭锁指令和接收开闭锁状态，手机操作界面如图 2-33、图 2-34 所示。

图 2-33　闭锁界面

图 2-34　开锁界面

图中间为开闭锁按钮，同时也显示实际的开闭锁状态，右上角为设置功能，可以设置操作密码，下方联机显示手机与锁具蓝牙配对成功。手机端发射器程序流程如图 2-35 所示。

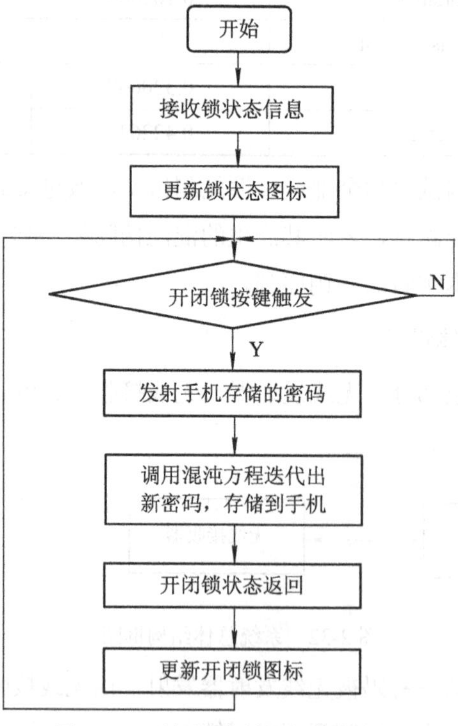

图 2-35　手机端发射器程序流程图

工作过程为手机端操作界面打开后，开启蓝牙设备，读取锁的开闭状态，更新图标状态，检测开闭锁按钮，如果没有按下则等待，否则发射手机存储的开闭锁密码，同时调用混沌方程迭代计算出新的密码，存储在手机，作为下一次开锁的密码，然后等待返回的开闭锁状态信息，根据该信息更新开闭锁的图标状态。

2) 接收机系统设计

如图 2-36 所示，系统由蓝牙模块，处理器，驱动模块，锁具电机，锁舌状态检测，报警模块构成。

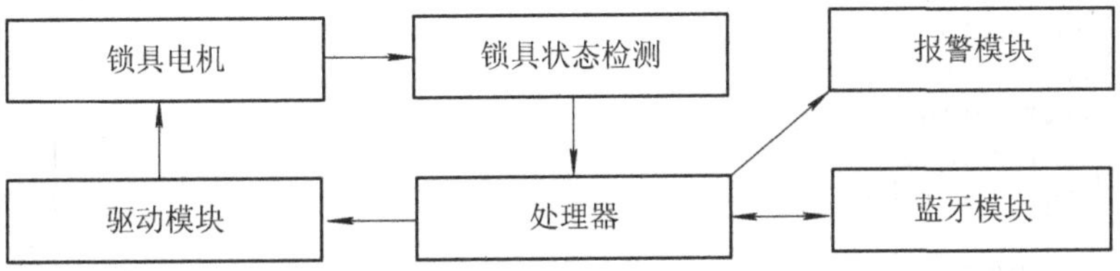

图 2-36　接收机系统结构框图

各模块介绍如下：

处理器：用于控制蓝牙模块收发数据，通过驱动模块控制锁具电机，读取锁具开闭状态，控制报警模块发出报警信息。采用美国 TI 公司生产的超低功耗 MSP430 单片机。为 16 位的单片机，有高效的查表处理指令。其内置模块丰富，包含了如看门狗、模拟比较器、定时器、UART、SPI、I2C、硬件乘法器、液晶驱动器、ADC、DMA、I/O 端口、实时时钟等若干功能模块。系统处理器采用 MSP430G2553 芯片，工作电源电压范围是 1.8 V～3.6 V，采用超低功耗运行模式：230 μA(在 1 MHz 频率和 2.2 V 电压条件下)，待机模式电流为 0.5 μA，具有 5 种节能模式，可在 1 μs 的时间内超快速地从待机模式唤醒。

蓝牙模块：用于接收开闭锁指令密码，发送锁舌状态信息。采用英国 CSR 公司 BlueCore4-Ext 芯片，遵循 V2.1 + EDR 蓝牙规范。它支持 UART、USB、SPI、PCM、SPDIF 等接口，并支持 SPP 蓝牙串口协议，具有成本低、体积小、功耗低、收发灵敏性高等优点，只需配备少许外围元件就能实现其强大功能。模块应用于蓝牙串口通信模式，电路如图 2-37 所示，芯片第 1 脚和第 2 脚分别是信号输出脚和信号输入脚，分别用 2 个电阻上拉到 3.3 V；第 28 脚控制蓝牙模块为主机或者从机。

驱动模块：用于驱动锁具电机执行开闭动作。采用简单的三极管驱动，微处理器 IO 口控制三极管基极，其集电极接步进电机线圈，步进电机线圈并联了续流二极管。

锁具电机：用于控制锁舌开闭，采用四相五线式步进电机，供电电压 12 V；报警模块：用于锁舌状态不正确时发出报警提示声音，采用蜂鸣器；锁具状态检测：用于检测锁舌的开闭状态，采用霍尔器件；系统使用 12 V 蓄电池供电，步进电机用 12 V 电源，其他器件采用 3.3 V 电源电压，使用一片 AMS1117-3.3 芯片降压。

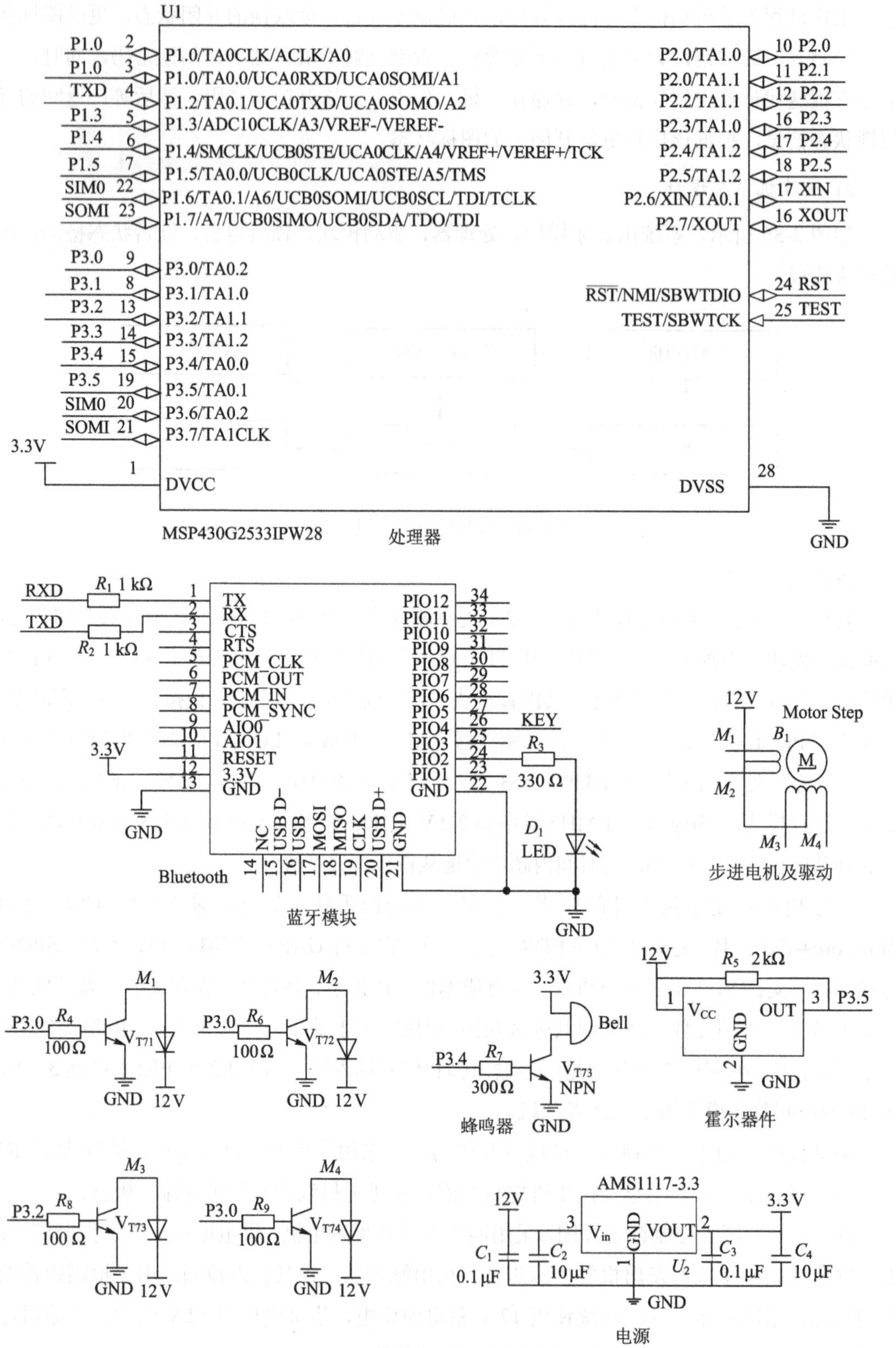

图 2-37　接收模块原理图

接收模块软件基于 IAR Embedded Workbench IDE 系统开发，用 C 语言编程，流程如图 2-38 所示。

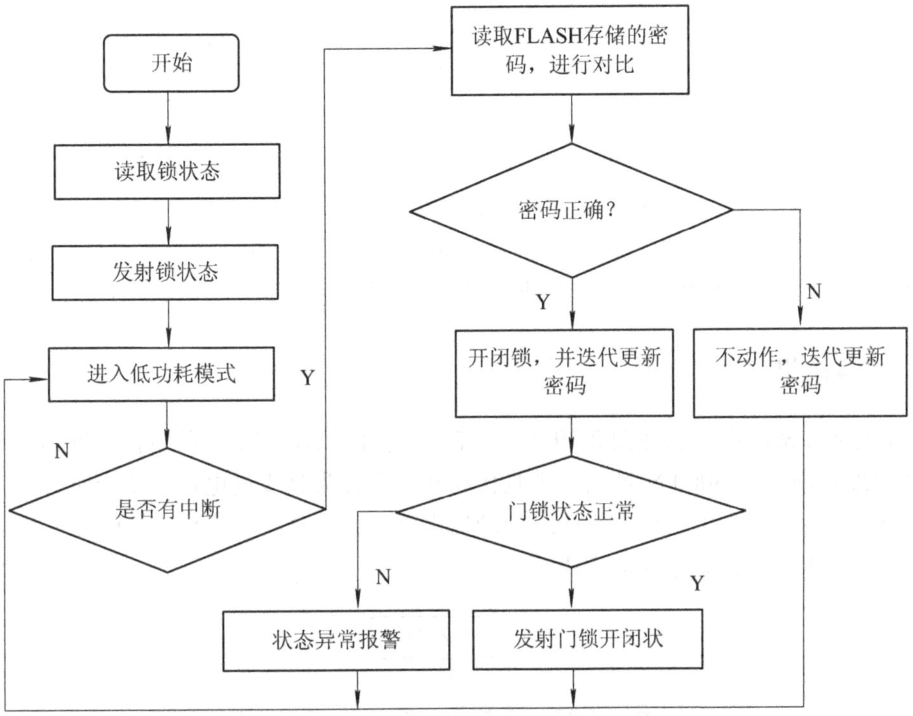

图 2-38　接收模块程序流程

系统上电后，先读取锁的实际开闭状态，并通过蓝牙模块发送给手机，开启串口的接收中断功能，然后待机进入低功耗模式。手机上位机发送的传输密码信息将通过蓝牙模块接收，送到单片机串口，产生中断唤醒单片机，单片机读取串口接收到的开闭锁密码，并与 FLASH 存储空间中的密码进行对比，若匹配成功则开闭锁，即假如锁的上一状态为开，则进行闭锁操作；上一状态为闭，则进行开锁操作，并迭代产生新密码写入 FLASH 存储空间，然后检测门锁的实际开闭状态。若实际中门锁的开关状态与命令状态不一致，则发出门锁异常报警信号；若一致，则发射门锁开闭状态。如果密码匹配不成功，出现失步情况，则不发出开闭锁命令，但以当前接收到的密码作为初始值，继续迭代产生新密码并存储，作为下次开锁的密码。

实际使用时，有可能发射器发出的密码信息没有被接收到，出现收发两端失步情况。为解决这个问题，在接收端开辟了 16 次的容错窗口，即接收端会从当前迭代次数开始，继续迭代 16 次，迭代结果用 $x_n, x_{n+1}, x_{n+2}, \cdots, x_{n+13}, x_{n+14}, x_{n+15}$ 表示，这些结果会按顺序存入芯片 FLASH 中，接收到数据 x_p 时，会与芯片中的 16 个混沌密钥序列 x_n 依次比对，比对可能出现 2 种情况：

(1) 假如 x_p 与 $x_n, x_{n+1}, x_{n+2}, \cdots, x_{n+13}, x_{n+14}, x_{n+15}$ 任意一个相同，则说明混沌密钥序列比对成功，系统会控制电子锁控制接口，打开电子锁。此时，在比对成功的情况下，系统以

x_p为迭代初值，代入混沌方程迭代更新这16组混沌密钥序列为x_p, x_{p+1}, x_{p+2}, …, (x_{p+13},) x_{p+14}, x_{p+15}，以供下次接收密钥匹配。

(2) 假如x_p与x_n, x_{n+1}, x_{n+2}, …, x_{n+13}, x_{n+14}, x_{n+15}都不相同，则说明混沌密钥序列比对不成功。可能的情况为发射器的按键在接受器没有接收到的情况下被多次按下，使发射器的混沌密钥序列多次更新，导致x_p的数值超过了接受器存储的16组混沌密钥序列x_n, x_{n+1}, x_{n+2}, …, x_{n+13}, x_{n+14}, x_{n+15}的范围，以致不能正常配对。系统不进行开闭锁动作，会以当前接收到的x_p为初值进行混沌方程迭代运算16次，并更新这16组混沌密钥序列为x_p, x_{p+1}, x_{p+2}, …, x_{p+13}, x_{p+14}, x_{p+15}，以供下次接收密钥匹配。

通过以上的处理，如果失步次数在16次容错范围内，系统能够同步并进行开闭锁动作；超过16次容错范围，可以同步，但不进行开闭锁动作。

2.5.3 实验结果

制作的遥控密码锁实物如图2-39所示。锁具使用不锈钢模具，防锈抗高冲击，锁舌达到B级强度，能承受3000 N冲击。锁具传动底板设计为将步进电机带动金属齿轮传动给锁舌，控制精度较高，主控板上集成微处理器电路、霍尔传感器模块、蜂鸣器、步进电机驱动模块、稳压模块、蓝牙通信模块等。

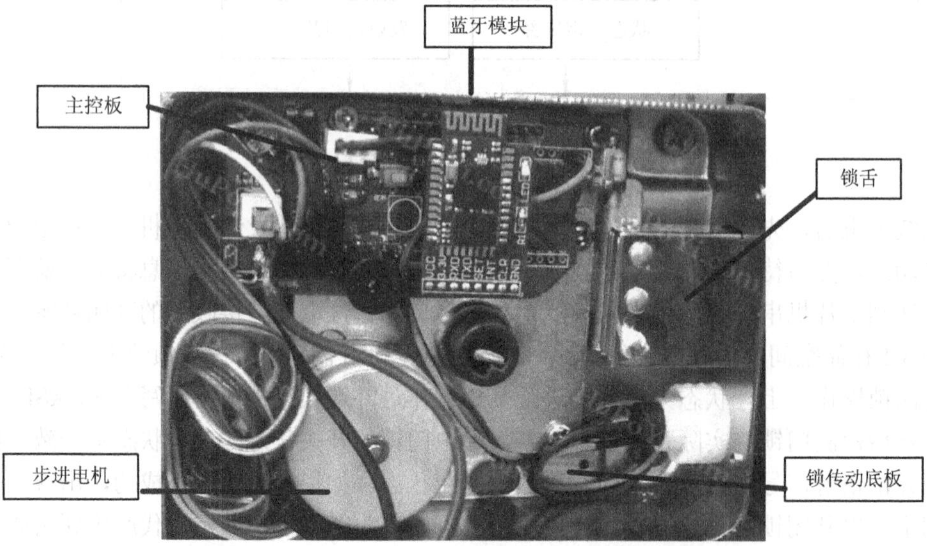

图2-39 锁具实物图

设计的密码锁制作之后，可在实验室进行遥控操作实验，也可直接安装到门上进行实验。

第 3 章　智能家居监控系统系列创新实验

随着科学技术水平的进步，社会经济实现了高速发展，人民生活水平也在日益提高，人们对现代化建筑的人性化需求也越来越多。这带动了智能家居产业的快速成长，也极大地提升了居家生活品质。通过智能化手段对传统家居系统加以改造和升级，具有重要意义。

本章所给系列实验涉及的专业知识包括物联网技术、无线传感技术、图像处理、智能科技、云计算等。

本章所给系列实验系统包含的基本功能模块如图 3-1 所示。

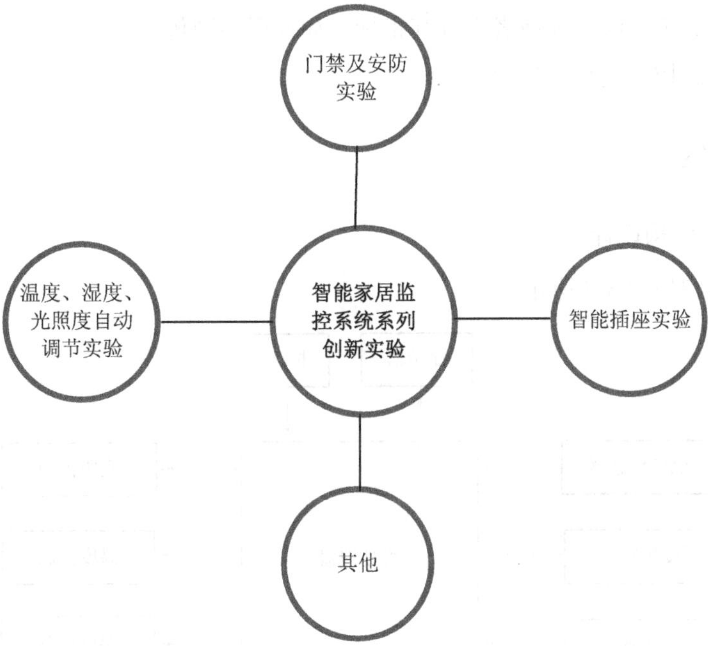

图 3-1　智能家居系统

各实验的主要任务如下。

(1) 门禁及安防实验：门窗开关控制，含密码锁、指纹锁、刷卡锁等；检测是否有人入侵；检测室内一氧化碳、甲醛等有害气体；火灾检测及报警等。

(2) 智能插座实验：冰箱、空调、微波炉、热水器等的控制和工作状态检测。

(3) 温度、湿度、光照度自动调节实验：测量室内温度、湿度、光照度等参数。

3.1　智能家居环境温度、湿度、光照度自动调节实验

3.1.1　实验内容及要求

本实验内容主要是测量并显示室内的温度、湿度、光照度，自动调节，使居民感觉到舒适。具体内容与要求为：

(1) 测量显示居家环境光照度参数，当光线比较暗时通过开灯、开窗帘等方式增加亮度，当光线太亮时通过关灯、关窗帘等方式降低亮度。

(2) 测量显示居家环境温度参数，当温度比较低时通过打开加热器等方式增加温度，当温度太高时通过关闭加热器、开风扇等方式降低温度。

(3) 测量显示居家环境湿度参数，当湿度比较低时通过打开加湿器等方式增加湿度，当湿度太高时通过关闭加湿器、开风扇等方式降低湿度。

拓展部分：完善系统功能或者提升其指标，如使用不同传感器、驱动模块，增加其他功能，如报警、遥控、远程监控等。

3.1.2　参考方案

1. 系统总体结构设计

系统结构框图如图 3-2 所示。

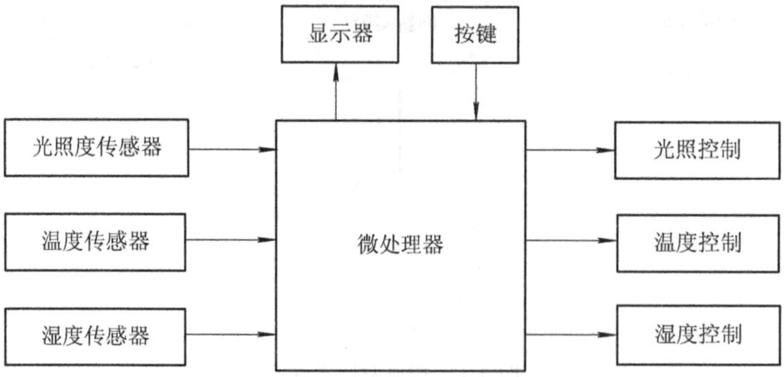

图 3-2　智能家居环境温度、湿度、光照度自动调节系统结构框图

(1) 光照度、温度、湿度传感器：用于测量环境的光亮度、温度、湿度参数。

(2) 微处理器：用于读取处理各传感器数据、读取处理按键数值、驱动各控制模块、驱动显示器。

(3) 按键：用于设置阈值等参数。

(4) 显示器：显示温湿度等测量结果，控制阈值范围、各控制模块工作状态等。

(5) 光照控制：通过控制灯或者窗帘开关调节环境光照度。

(6) 温度控制：通过控制加热装置、风扇等调节环境温度。

(7) 湿度控制：通过控制加湿器、风扇等调节环境湿度。

2. 系统硬件设计(各模块选用)

1) 温度传感器

本实验所用温度传感器为 DS18B20。DS18B20 是常用的数字温度传感器，其输出的是数字信号，具有体积小、硬件开销低、抗干扰能力强、精度高等特点。DS18B20 管脚排列如图 3-3 所示，有 3 个引脚，从左到右依次为地、数据端、电源。

图 3-3　DS18B20 管脚排列图

DS18B20 的功能及技术指标如下：

(1) 采用单总线的接口方式，与微处理器连接时仅需要一条线即可实现微处理器与 DS18B20 的双向通信。单总线具有经济性好，抗干扰能力强，适合恶劣环境的现场温度测量，使用方便等优点。

(2) 测量温度范围宽，测量精度高。DS18B20 的测温范围为 −55℃～+125℃；在 −10℃～+85℃范围内，其精度为 ±0.5℃。

(3) 电压适用范围为 3.0 V～5.5 V。

(4) 支持多点组网功能。多个 DS18B20 可以并联在唯一的单线上，实现多点测温，用户可轻松地组建传感器网络。

(5) 供电方式灵活。DS18B20 可以通过内部寄生电路从数据线上获取电源。

(6) 测量参数可配置。DS18B20 的测量分辨率可通过程序设定为 9 位、10 位、11 位和 12 位，分辨率分别对应 0.5℃、0.25℃、0.125℃和 0.0625℃，转换速率分别对应 93.75 ms、187.5 ms、375 ms、750 ms。

(7) 当负压特性电源极性接反时，传感器不会因发热而烧毁，但不能正常工作。

(8) 具有掉电保护功能。DS18B20 内部含有 EEPROM，在系统掉电以后，它仍可保存分辨率及报警温度的设定值。

温度转换和读取操作的具体步骤如下：

· 启动温度转换：

① 主机先复位操作。

② 接收 DS18B20 应答信号。

③ 主机再写跳过 ROM 的操作命令(CCH)。

④ 主机接着写转换温度的操作命令(44H)，后面释放总线，让 DS18B20 完成转换操作。

注：每个命令字节在写的时候都是低字节先写。例如，CCH 的二进制为 11001100，在写到总线上时要从低位开始写，写的顺序是“0、0、1、1、0、0、1、1”。

· 读取 RAM 内的温度数据：

① 主机先复位操作。

② 接收 DS18B20 应答信号。

③ 主机再写跳过 ROM 的操作命令(CCH)。

④ 主机发出读取 RAM 的命令(BEH)，随后主机依次读取 DS18B20 发出的从第 0 至第 8 共 9 个字节的数据。如果只想读取温度数据，那在读完第 0 和第 1 个数据后就不再读取后面 DS18B20 发出的数据。同样读取数据也是从低位开始的。

· 温度换算：

DS18B20 转换结果有 2 个字节，高字节二进制数中的高 5 位是符号位。如果测得的温度大于 0，这 5 位为 0，测到的数值乘以 0.0625，即可得到实际温度；如果测得的温度小于 0，这 5 位为 1，测到的数值需要取反后加 1 再乘以 0.0625，即可得到实际温度。

2) 温湿度传感器

本实验所用温湿度传感器选用 DHT11。DHT11 是一款已校准数字信号输出的数字温湿度复合传感器，采用数字模块采集技术和温湿度传感技术，确保产品具有较高的可靠性与卓越的长期稳定性。传感器包括一个电阻式感湿元件和一个 NTC 测温元件，并与一个高性能 8 位单片机相连接，输出数字信号。DHT11 技术指标如表 3-1 所示。

表 3-1　DHT11 技术指标

工作电压	直流 3.3～5 V
分辨率	16 bit
采样周期	大于 2 s
温度测量范围	0～50℃
温度测量精度	±2℃
湿度测量范围	20%～90%RH
湿度测量精度	±5%

DHT11 采用简化的单总线通信。单总线即只有一根数据线，系统中的数据交换、控制均由单总线完成。设备(主机或从机)通过一个漏极开路或三态端口连至该数据线，以允许设备在不发送数据时能够释放总线，而让其他设备使用总线；单总线通常要求外接一个约 5.1 kΩ 的上拉电阻，这样，当总线闲置时，其状态为高电平。由于它们是主从结构，只有主机呼叫从机时，从机才能应答，因此主机访问器件都必须严格遵循单总线序列，如果出现序列混乱，器件将不响应主机。

单总线传送数据位定义：DATA 用于微处理器与 DHT11 之间的通信和同步，采用单总线数据格式，一次传送 40 位数据，高位先出。

数据格式如下：8 bit 湿度整数数据 +8 bit 湿度小数数据 +8 bit 温度整数数据 +8 bit 温度小数数据 + 8 bit 校验位。

注意：其中温湿度小数部分为 0。

校验位数据定义：温湿度数据 4 个字节累加和时序图如图 3-4 所示。

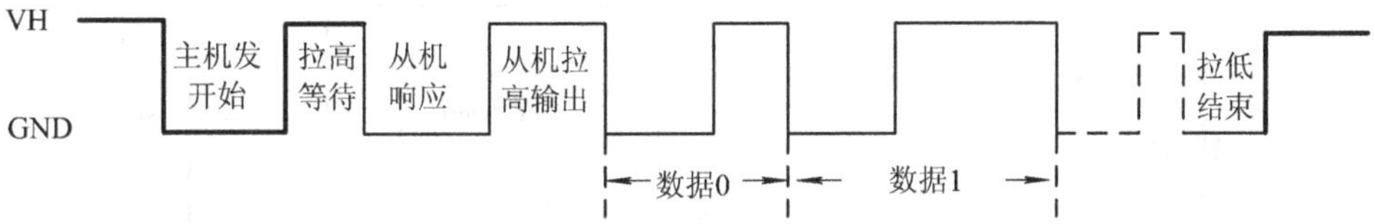

图 3-4　DHT11 时序图

主机为微处理器，信号用粗线表示；从机为 DHT11，信号用细线表示。具体实现步骤为：

(1) 微处理器的 I/O 输出低电平，且低电平保持时间不能小于 18 ms，然后 I/O 设置为输入状态，由于有上拉电阻，微处理器的 I/O 即 DHT11 的 DATA 数据线也随之变高。

(2) DHT11 的 DATA 引脚检测到外部信号有低电平时，等待外部信号低电平结束，延迟后 DHT11 的 DATA 引脚处于输出状态，输出 80 μs 的低电平作为应答信号，紧接着输出 80 μs 的高电平通知微处理器准备接收数据。

(3) 由 DHT11 的 DATA 引脚输出 40 位数据，微处理器根据 I/O 电平的变化接收 40 位数据，位数据“0”的格式为 50 μs 的低电平和 26～28 μs 的高电平，位数据“1”的格式为 50 μs 的低电平 +70 μs 的高电平，直到 40 位数据发送完成。

(4) 结束信号：DHT11 的 DATA 引脚输出 40 位数据后，继续输出低电平 50 μs 后转为输入状态，上拉电阻随之变为高电平，但 DHT11 内部重测环境温湿度数据，并记录数据，等待外部信号的到来。

3) 光照传感器

本实验所用的光照传感器采用 BH1750FVI。BH1750FVI 是一款数字型光强度传感器集成芯片，如图 3-5 所示。BH1750 有 6 个外部引脚，UCC、GND 为电源线，SCL 和 SDA

分别为 I^2C 时钟引脚和数据引脚。ADDR 为 I^2C 设备地址引脚，当其为高电平时，写操作、读操作的地址分别为 0xB8 和 0xB9；当其为低电平时，写操作、读操作的地址分别为 0x46 和 0x47。DVI 是 I^2C 总线的参考电压端口，当芯片上电的瞬间，需要将该引脚保持在低电平，1 μs 后变为高电平。如果 DVI 上电的时候不能满足以上要求，还可以通过一个方法使芯片工作正常，就是在上电之后保证此端口有一个超过 1 μs 的低电平即可。芯片内部具有一个接近人眼反应的光敏二极管 PD。当光强照射到芯片上时，PD 会产生一个电流，再通过集成运算放大器 AMP，将 PD 的电流转化成电压，接着就是数模转化，通过 ADC 把电压数据转化成一个 16 位的数字数据。"Logic + I^2C Interface"是用来计算光强度的，然后将其转化成单位为 lx 的光照值。

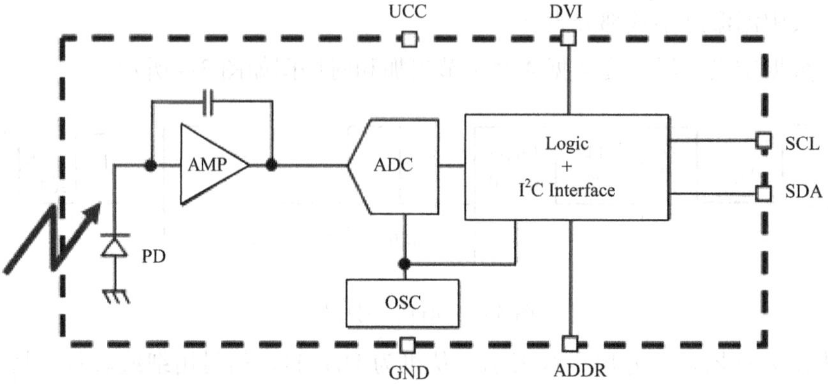

图 3-5　BH1750 芯片内部结构图

BH1750FVI 的主要特性如下：

(1) 具有接近视觉灵敏度的光谱灵敏度特性，灵敏度高。

(2) 输出的信号是已经转化了的数字光强度。

(3) 光测量范围宽：1～65 535 lx。

(4) 稳定性好，能抑制 50 Hz/60 Hz 的光噪音。

(5) 适应白炽灯、荧光灯、卤素灯和日光灯等的光源，光源依赖性弱。

(6) 通过光学窗口可以调整测量的光强结果，采用这种方法光测量的范围从 65 535 lx 变为 100 000 lx。

(7) 支持 1.8 V 逻辑输入接口。

(8) 最小误差变动在 ±20%。

(9) 受红外线影响很小。

BH1750 芯片内部有几种工作模式，通过指令的形式可以进行选择，具体指令如表 3-2 所示。

表 3-2　BH1750 指令表

指　令	功能代码	备　　注
断电	0000_0000	无激活状态
通电	0000_0001	等待测量指令
重置	0000_0111	重置数字寄存器值(重置指令在断电模式下不起作用)
连读高分辨率模式	0001_0000	在 1 lx 分辨率下开始测量，测量时间一般为 120 ms
连续高分辨率模式 2	0001_0001	在 0.5 lx 分辨率下开始测量，测量时间一般为 120 ms
连续低分辨率模式	0001_0011	在 4 lx 分辨率下开始测量，测量时间一般为 16 ms
一次高分辨率模式	0010_0000	在 1 lx 分辨率下开始测量，测量时间一般为 120 ms，测量后自动设置为断电模式
一次高分辨模式 2	0010_0001	在 0.5 lx 分辨率下开始测量，测量时间一般为 120 ms，测量后自动设置为断电模式
一次低分辨率模式	0010_0011	在 4 lx 分辨率下开始测量，测量时间一般为 16 ms，测量后自动设置为断电模式

以连续高分辨率模式为例，读写操作步骤如下：

(1) 设置工作模式：使 ADDR = ‘L’，先写入地址 0x46(二进制码 01000110)，当全部发送后，再发送一个应答信号，然后选择模式，以连续高分辨率为例，“连续高分辨率模式(0001_0000)”发送完毕后同样也要有一个应答信号。

(2) 延时 180 ms(等待一次完整测量)。

(3) 读取测量结果，写入读操作地址 0x47(二进制码 01000111)，发送应答信号，读取高 8 位和低 8 位，读取完毕发送应答信号。

(4) 计算结果，读出高 8 位和低 8 位后，需要把数据进行合成，转化为以 lx 为单位的数据。计算方式为：把高 8 位和低 8 位转化成十进制数，相加后除以 1.2 得到光照度。例如：数据的高 8 位是“10000011”，低 8 位是“10010000”。则计算结果为

$$\frac{2^{15}+2^{9}+2^{8}+2^{7}+2^{4}}{1.2}=28067\ \text{lx}$$

3. 系统软件设计

系统工作过程可以通过软件流程图来描述，本实验系统软件流程如图 3-6 所示。

系统初始化(微处理器配置各 I/O 口，读取各初始参数)后，读取按键数值，获取各参数阈值，然后依次读取各传感器数据。首先读光照度传感器数值，并根据阈值判断。若光照度过高则关窗帘或灯；若过低则开窗帘或灯。其次读取温度传感器数值。若温度过高则关加热器或开风扇；若过低则开加热器或关风扇。再次读取湿度传感器数值。若湿度过高则关加湿器或开风扇；若过低则开加湿器或关风扇。最后显示结果，返回读取按键数值步骤，进行循环测试。

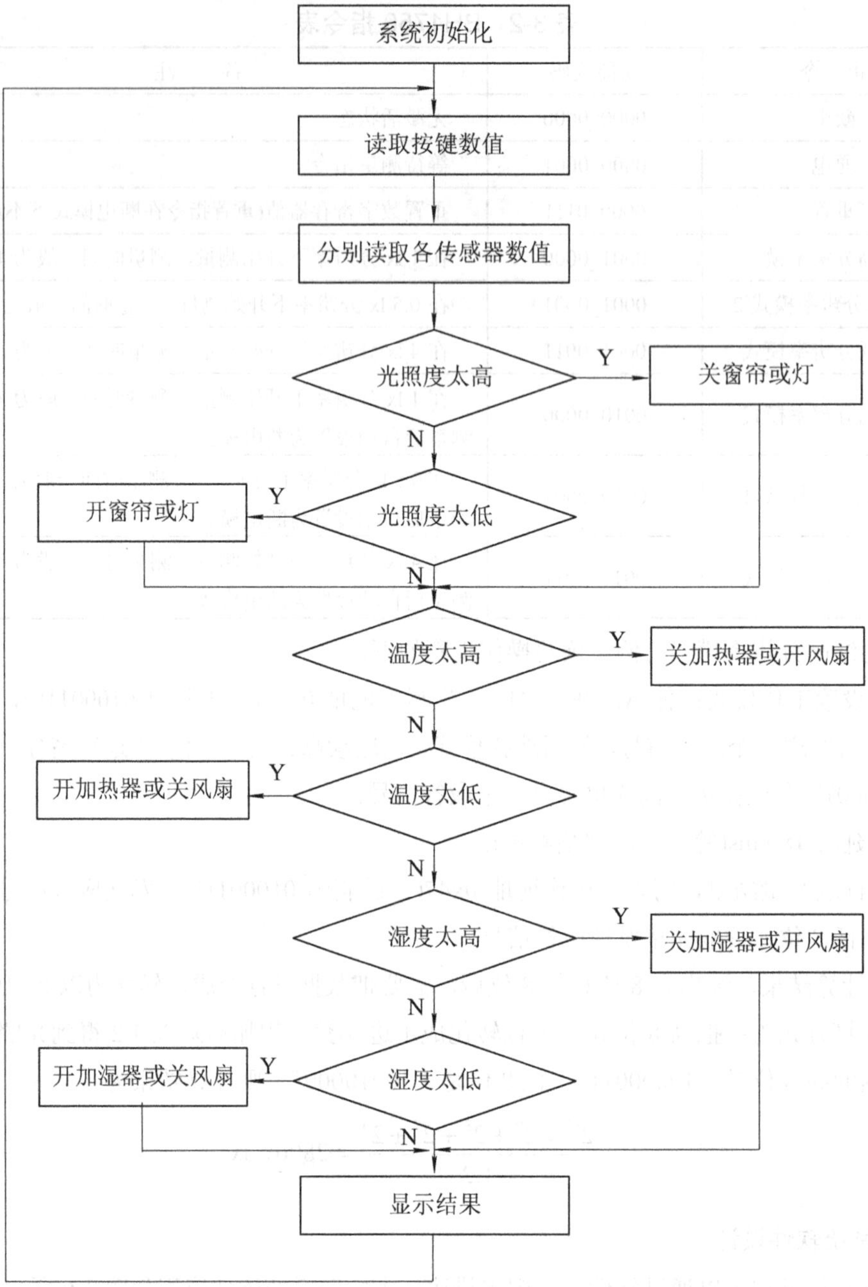

图 3-6　智能家居环境温度、湿度、光照度自动调节系统流程图

3.2　智能家居门禁及安防系统实验

3.2.1　实验目标

(1) 设计门禁系统：用密码锁、指纹锁、刷卡锁等。

(2) 安防系统包括两部分：① 检测门窗开关状态，并检测是否有人入侵；② 检测燃气泄漏或火灾情况，若异常则报警。

拓展部分：完善系统功能或者提升系统指标，例如，使用更多传感器监测室内环境，使用其他开闭锁技术(如声纹、人脸识别、射频卡等)，增加其他功能(如遥控、远程监控等)。

3.2.2 参考方案

1. 系统总体设计

本实验系统结构框图如图 3-7 所示。具体如下：

(1) 烟雾、火焰、甲醛、煤气等传感器：用于测量室内环境烟雾浓度、火焰强度、甲醛浓度、煤气浓度，以此判断是否出现异常情况。

(2) 微处理器：用于读取处理各传感器数据、读取处理按键数值、读写指纹识别模块、驱动锁具开闭、驱动显示器。

(3) 按键：用于设置阈值等参数。

(4) 显示器：用于显示各传感器测量结果、控制阈值范围、显示各控制模块工作状态等。

(5) 门禁：用于刷卡、指纹、密码等各种方式开锁。

(6) 门窗防盗：用红外、人体感应等各种传感器检测是否有陌生人入侵。

(7) 报警：现场声光报警或者给远程监控端发送报警信息。

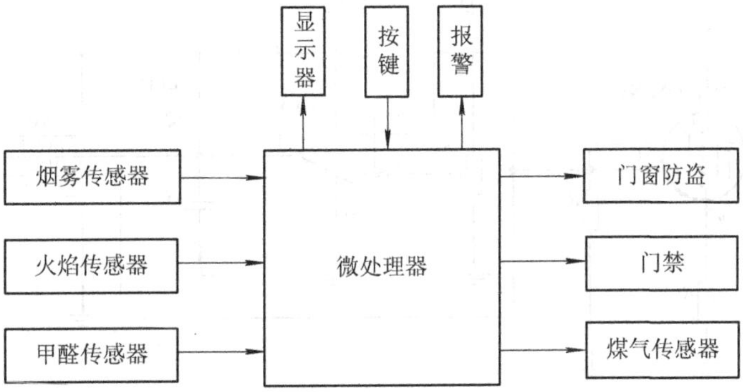

图 3-7　门禁及安防系统结构框图

2. 系统硬件设计(各重要模块选用)

1) 煤气、烟雾传感器

煤气、烟雾传感器可选用 MQ 系列气体传感器，使用的气敏材料是在清洁空气中电导率较低的二氧化锡(SnO_2)。当传感器所处环境中气体浓度变化时，传感器的电导率随之变化，使用简单的电路即可将电导率的变化转换为与该气体浓度相对应的输出信号。这是一款适合多种应用的低成本气体传感器，具有探测范围广泛、灵敏度高、响应快、稳定性好、寿命长、驱动电路简单等优点。该类传感器受温湿度影响较大，所以自身附带加热电路，使传感器在相对稳定的温湿度范围工作。

煤气(一氧化碳，型号 MQ-7)浓度传感器的具体功能如下：

(1) 具有信号输出指示。

(2) 双路信号输出(模拟量输出及 TTL 电平输出)。

(3) TTL 输出有效信号为低电平(当输出低电平时信号灯亮，可直接接单片机)。

(4) 模拟量输出 0～5 V 电压，浓度越高电压越高。

(5) 对一氧化碳具有很高的灵敏度和良好的选择性。

MQ-7 主要技术指标如表 3-3 所示。

表 3-3　MQ-7 主要技术指标

工作电压	直流 5 V
参考工作环境	温度 20℃，湿度 65%RH
内部加热电阻	33 Ω
测量范围	10～1000
敏感电阻值	2～20 kΩ

MQ-7 电路连接图如图 3-8 所示，左边为传感器，有 6 个引脚，2 和 5 为加热引脚，1 和 3 连敏感器件到电源，4 和 6 接敏感器件输出，接采样电阻 R_2，输出分两路，一路接到模拟输出脚 AOUT，另一路通过比较器，与参考电平比较后接到数字输出口 DOUT。

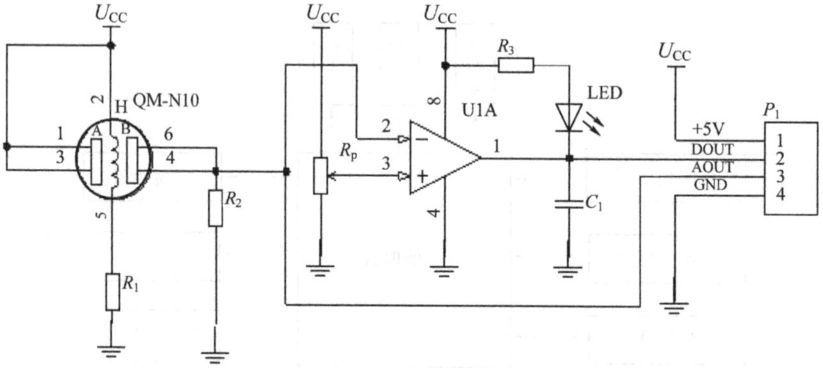

图 3-8　MQ-7 电路连接图

2) 红外热释感应传感器

HC-SR501 是基于红外线技术的自动控制模块，采用德国原装进口 LHI778 探头设计，具有灵敏度高、可靠性强、超低电压工作模式的特点，广泛应用于各类自动感应电器设备，尤其是干电池供电的自动控制产品。HC-SR501 电气参数如表 3-4 所示。

红外热释感应传感器的功能特点：

(1) 全自动感应：人进入其感应范围则输出高电平；人离开感应范围则自动延时关闭高电平，输出低电平。

表 3-4　HC-SR501 电气参数

产品型号	HC-SR501(人体感应模块)
工作电压范围	4.5～20 V(直流电压)
静态电流	＜50 uA
电平输出	3.3 V(高)/0 V(低)
触发方式	L(不可重复触发)/H(重复触发)
延时时间	0.5～200 s(可调)，可制作范围零点几秒至几十分钟
封锁时间	2.5 s(默认)，可制作范围零点几秒至几十秒
电路板外形尺寸	32 mm × 24 mm
感应角度	＜100° 锥角
工作温度	-15～+70℃
感应透镜尺寸(直径)	23 mm(默认)

(2) 光敏控制(可选择，出厂时未设)：可设置光敏控制，白天或光线强时不感应。

(3) 温度补偿(可选择，出厂时未设)：当环境温度升高至 30～32℃时，探测距离稍变短，温度补偿可作一定的性能补偿。

(4) 两种触发方式(可跳线选择)：

① 不可重复触发方式：感应输出高电平后，延时时间段一结束，输出将自动从高电平变成低电平。

② 可重复触发方式：感应输出高电平后，在延时时间段内，如果有人在其感应范围活动，其输出将一直保持高电平，直到人离开后才延时将高电平变为低电平(感应模块检测到人体的每一次活动后会自动顺延一个延时时间段，并且以最后一次活动的时间为延时时间的起始点)。

(5) 具有感应封锁时间(封锁时间默认设置为 2.5 s)：感应模块在每一次感应输出后(高电平变成低电平)，可以紧跟着设置一个封锁时间段，在此时间段内感应器不接受任何感应信号。此功能可以实现“感应输出时间”和“封锁时间””两者的间隔工作，可应用于间隔探测产品；同时此功能可有效抑制负载切换过程中产生的各种干扰。(此时间可设置在零点几秒至几十秒)。

(6) 工作电压范围宽：默认工作电压为 DC 4.5～20 V。

(7) 微功耗：静态电流＜50 μA，特别适合干电池供电的自动控制产品。

(8) 输出高电平信号：可方便与各类电路实现对接。

红外热释感应传感器的使用说明：

(1) 感应模块通电后有一分钟左右的初始化时间，在此期间模块会间隔地输出 0～3 次，一分钟后进入待机状态。

(2) 应尽量避免灯光等干扰源近距离直射模块表面的透镜，以免引进干扰信号产生误动作；使用环境中应尽量避免流动的风对感应器造成干扰。

(3) 感应模块采用双元探头，探头的窗口为长方形，双元(A 元 B 元)位于较长方向的两端，当人从左到右，或从右到左走过时，红外光谱到达双元的时间、距离有差值，差值越大，感应越灵敏；当人从正面走向探头，或从上到下，或从下到上方向走过时，双元检测不到红外光谱距离的变化，无差值，因此感应不灵敏或不工作；所以安装感应器时应使探头双元的方向与人活动最多的方向尽量相平行，保证人经过时先后被探头双元所感应。为了增加感应角度范围，本模块采用圆形透镜，使得探头四面都感应，但左右两侧仍然比上下方向感应范围大、灵敏度强，安装时仍须尽量按以上要求进行。

注意：① 调节距离电位器顺时针旋转，感应距离增大(约 7 m)，反之，感应距离减小(约 3 m)。② 调节延时电位器顺时针旋转，感应延时加长(约 300 s)，反之则感应延时减短(约 0.5 s)。

3) 指纹识别模块

ATK-AS608 模块是 ALIENTEK 推出的一款高性能的光学指纹识别模块。ATK-AS608 模块采用了国内著名指纹识别芯片公司——杭州晟元芯片技术有限公司(Synochip)的 AS608 指纹识别芯片。芯片内置 DSP 运算单元，集成了指纹识别算法，能高效快速地采集图像并识别指纹特征。模块配备了串口、USB 通讯接口，用户无需研究复杂的图像处理及指纹识别算法，只需通过串口和 USB 按照通讯协议便可控制模块。本模块可应用于各种考勤机、保险箱、指纹门禁系统等。其技术指标如表 3-5 所示。

表 3-5 ATK-AS608 指纹模块技术指标

工作电压/V	3.0～3.6 V，典型值为 3.3 V
工作电流/mA	30～60 mA，典型值为 40 mA
USART 通信	波特率(9600 × N)，N = 1～12，默认 N = 6，传输速率为 57 600 b/s(数据位：8，停止位：1，校验位：无，TTL 电平)
USB 通信	2.0FS (2.0 全速)
传感器图像大小/pixel	256 × 288
图像处理时间/s	＜0.4
上电延时/s	＜0.1，模块上电后需要约 0.1 s 初始化工作
搜索时间/s	＜0.3
拒真率(FRR)	＜1%
认假率(FAR)	＜0.001%
指纹存容量	300 枚(ID：0～299)
工作环境	温度(℃)：−20～60　湿度＜90%RH(无凝露)

模块引脚如表 3-6 所示，ATK-AS608 采用 8 芯 1.25 mm 间距单排插座，模块内部内置了手指探测电路，用户可读取状态引脚(WAK)判断有无手指按下。

表 3-6　ATK-AS608 指纹模块引脚

序　号	名　称	说　　明
1	Vi	模块电源正输入端
2	Tx	串行数据输出，TTL 逻辑电平
3	Rx	串行数据输入，TTL 逻辑电平
4	GND	信号地，内部与电源地连接
5	WAK	感应信号输出，默认高电平有效
6	Vt	触摸感应电源输入端，3.3 V 供电
7	U+	USB D+
8	U−	USB D−

指纹识别模块的系统资源：

(1) 缓冲区与指纹库：系统内设有一个 72 KB 的图像缓冲区与二个 512 B 大小的特征文件缓冲区，名字分别称为 CharBuffer1 和 CharBuffer2。用户可以通过指令读写任意一个缓冲区。CharBuffer1 或 CharBuffer2 既可以用于存放普通特征文件，也可以用于存放模板特征文件。通过 UART 口上传或下载图像时为了加快速度，只用到像素字节的高 4 位，即将两个像素合成一个字节传送。通过 USB 口则是整 8 位像素。指纹库容量根据挂接的 FLASH 容量不同而改变，系统会自动判别。指纹模板按照序号存放，序号定义为 0～(N−1)(N 为指纹库容量)。用户只能根据序号访问指纹库内容。

(2) 用户记事本：系统在 FLASH 中开辟了一个 512 B 的存储区域作为用户记事本，该记事本逻辑上被分成 16 页，每页 32 B。上位机可以通过 PS_Read Notepad 指令和 PS_Write Notepad 指令访问任意一页。注：写记事本某一页的时候，该页 32 B 的内容被整体写入，原来的内容被覆盖。

(3) 随机数产生器：系统内部集成了硬件 32 位随机数生成器(不需要随机数种子)，用户可以通过指令让模块产生一个随机数并上传给上位机。

指纹识别模块的软件开发指南如下：

(1) 模块地址(大小：4 B，属性：读写)：模块的默认地址为 0xFFFFFFFF，可通过指令修改，数据包的地址域必须与该地址相配，命令包/数据包才被系统接收。注：地址与上位机通讯必须是默认地址 0xFFFFFFFF。

(2) 模块口令(大小：4 B，属性：写)。系统默认口令为 0，可通过指令修改。若默认口令未被修改，则系统不要求验证口令，上位机和 MCU 与芯片通讯；若口令被修改，则上位机与芯片通讯的第一个指令必须是验证口令。只有口令验证通过后，芯片才接收其他指令。注：不建议修改口令。

(3) 数据包大小设置(大小：1 B，属性：读写)。发送数据包和接收数据包的长度根据该值设定。

(4) 波特率系数 N 设置(大小：1 B，属性：读写)。

USART 波特率 = $N \times 9600$，$N = 1 \sim 12$。

(5) 安全等级 level 设置(大小：1 B，属性：读写)。

系统根据安全等级设定比对阀值，level = 1～5。安全等级为 1 时，认假率最高，拒认率最低。安全等级为 5 时，认假率最低，拒认率最高。

4) 射频读卡模块

射频识别(Radio Frequency Identification，RFID)是一种非接触式的自动识别技术，它通过射频信号自动识别目标对象并获取相关数据，具有极高的保密性，识别工作无须人工干预，可工作于各种恶劣环境。

RFID 系统由如下两部分组成：① 读卡器，读写射频卡信息的设备。② 射频卡，由耦合元件及芯片组成，卡含有内置天线，用于和读卡器进行通信。

MF522-MINI 模块采用 RC522 原装芯片设计读卡电路，模块工作的频率为 13.56MHz，符合 ISO14443A 标准，可支持 Mifare1 S50、Mifare1 S70、Mifare Light、Mifare UltraLight、Mifare Pro。适用于设备开发、读卡器开发等高级应用的用户，需要进行射频卡终端设计/生产的用户。本模块可直接装入各种读卡器模具。模块采用电压为 3.3 V，通过 SPI 接口简单的几条线就可以直接与用户任何 CPU 主板连接通信，可以保证模块稳定可靠地工作。模块具有易用、高可靠、体积小等特点，可帮助客户方便、快捷地将非接触卡应用到系统中。其功能指标如表 3-7 所示。

表 3-7　MF522-MINI 模块功能指标

工作电流	13～26 mA/直流 3.3 V
空闲电流	10～13 mA/直流 3.3 V
休眠电流	＜80 uA
峰值电流	＜30 mA
工作频率	13.56 MHz
支持的卡类型	Mifare1 S50、Mifare1 S70、Mifare Ultralight、Mifare Pro、Mifare Desfire
环境工作温度	-20℃～80℃
环境相对湿度	5%～95%RH

5) 蜂鸣器

蜂鸣器以其内部有没有振荡源来区分可分为有源和无源两种，有源蜂鸣器内部有振荡驱动电路，加电源就可以响；其优点是便于使用，缺点是频率固定，只能发一个单音。无源蜂鸣器内部没有振荡源，需要外加交流信号，如果加直流信号，蜂鸣器不会响；其优点是施加不同频率信号会发出不同的声音。

判断蜂鸣器是有源还是无源可用以下方法：

① 给蜂鸣器加上电压源，电压源如果发出“咔咔”声音则是无源蜂鸣器；如果发出“嘀嘀”声音则是有源蜂鸣器。

② 用万用表的欧姆挡进行测量，若电阻值为几十欧，换个方向测量仍为几十欧，则为无源蜂鸣器。若阻值大于 1 kΩ，则为有源蜂鸣器。

③ 有源蜂鸣器的引脚一高一低，无源蜂鸣器的两个引脚高度一致，高的为正极，低的为负极。

3. 系统软件程序设计

本实验系统工作过程可以通过软件流程图来描述，其软件流程如图 3-9 所示。

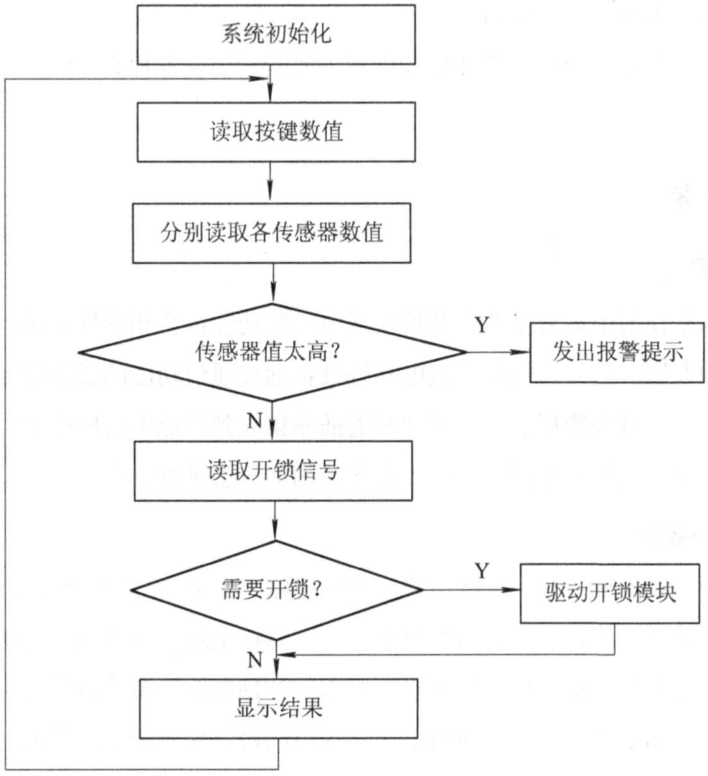

图 3-9　智能家居门禁及安防系统流程图

系统初始化(配置微处理器各 I/O 口，读取各初始参数)后，读取按键数值，获取各参数阈值，首先分别读取各传感器数值，如读取烟雾、火焰、一氧化碳、甲醛等传感器数值，并根据参数阈值判断，若传感器值太高则发出报警提示，然后读取门禁系统锁是否具有开锁信号，若读到开锁指令，则驱动开锁模块打开门锁。最后显示结果，返回读取按键值这一步，进行循环。

3.3　智能插座实验

3.3.1　实验目标

本实验为设计一款可以对用电设备进行实时监控并显示用电设备电流、电压、功率的插座。其主要技术指标如下：

(1) 检测电流范围：0～10 A。

(2) 测量数据误差：小于 5%。

(3) 区分设备种类：大于 3 个。

(4) 无线通信距离：大于 10 m。

拓展部分：完善系统功能，提升系统指标，如能显示设备种类等信息，并可以远程发送显示数据等。

3.3.2　参考方案

1. 背景知识

插座作为日常使用中最常见的电源扩展端口，其功能也会相应地从单一的增加供电接口向智能化方向发展。例如，使用手机电脑等具备远程通信功能的设备控制插座，进而控制目标设备的工作，减少能耗。本方案把智能插座集成到智能家居网络中，并允许用户通过智能手机等终端上远程显示插入的用电设备的相关信息进行操作。

2. 系统总体设计

本实验系统主要由单片机、晶振电路、复位电路、交流信号计量模块、稳压电源、按键、显示模块、通信模块、远程界面等组成。其中晶振电路、复位电路为单片机基本外围配置，稳压电源用于提供单片机及其他模块所需的各种电压。单片机系统可以对所有的模块和任务进行调用和处理。显示模块用于显示各用电设备相关的信息数据，如实时显示用电的目标设备的种类、电压、电流和有功功率等信息。交流信号计量模块用于检测用电设备的交流电流、电压、功率因数等信息，通过串口通信将数据发送到 STM32 单片机芯片进行处理。通信模块用于用电设备与远程控制界面远程实时收发信息。远程界面用于实时远程监控用电设备的工作状况。智能插座结构框图如图 3-10 所示。

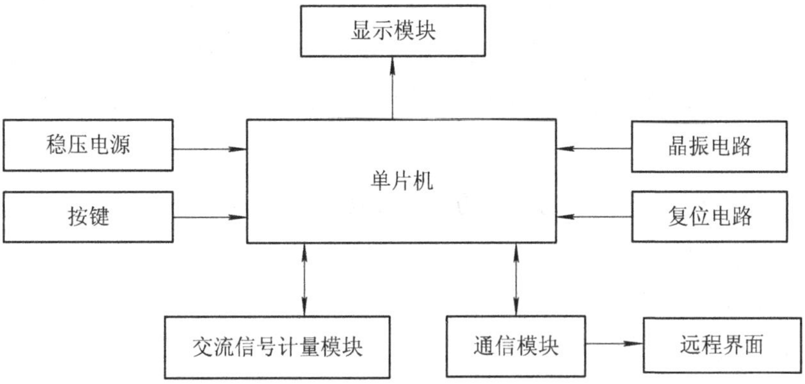

图 3-10　智能插座结构框图

3. 系统硬件设计(各模块设计)

1) 主控制器及最小系统

单片机最小系统板以 STM32F407ZGT6 为芯片，该芯片在 STM32F407 系列里面的配置比较高，其内部资源丰富，是专为要求高性能、低成本、低功耗的嵌入式系统设计的。

2) 交流信号计量模块

本实验系统采用 SUI-101A 型交流信号计量模块，如图 3-11 所示，它在系统中起着获取用电设备的相关数据及将数据传输给单片机的工作。

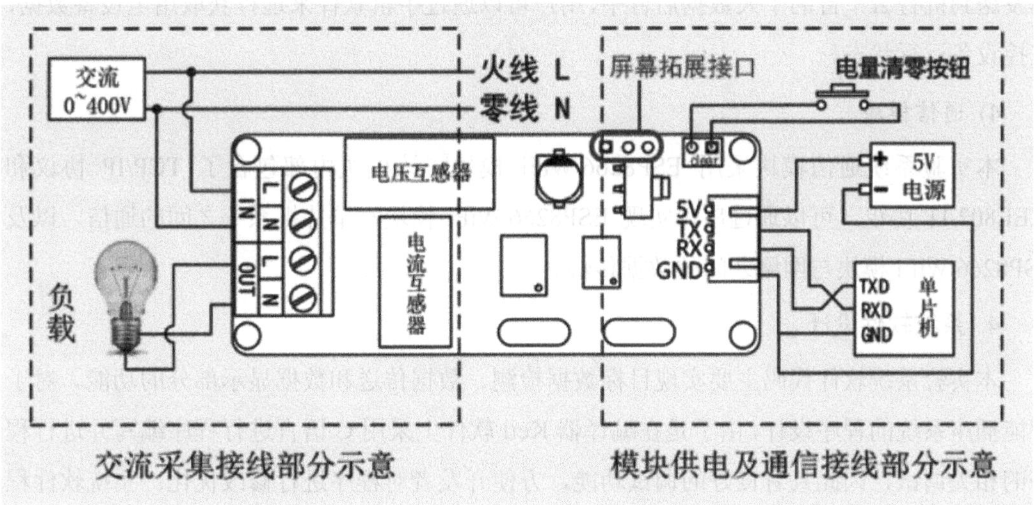

图 3-11　SUI-101A 型交流信号计量模块

交流电线中的火线 L 和零线 N 从模块的 IN 部分进入，从 OUT 部分离开并接入负载的用电设备。用电设备工作时的电压、电流等数据由模块上的电压互感器和电流互感器等传感器进行检测，并通过串口通信将数据信息发送给单片机系统进行读取和处理。

显示模块采用 OLED 模块，通信连接采用并行接口，这种接口在各类显示器模块中都有极其广泛的运用，这种通信方式使得单片机与 OLED 模块之间可以进行高效率的数据交换。

以下信号线是 OLED 模块并行接口方式需要使用到的。

CS：OLED 片选信号；

WR：向 OLED 写入数据；

RD：从 OLED 读取数据；

D[7：0]：8 位双向数据线；

RST：硬复位 OLED；

DC：命令/数据标志位，为 0 时读写命令，为 1 时读写数据。

该通信模式首先确定是从模块中读出数据还是将外部数据写到芯片中进行显示，根据目标然后对 DC 位进行设置，当设置为低电平时是进行读写数据操作；当设置为高电平时是进行读写命令操作，拉低片选信号来选中 SSD1306 芯片，最后再根据需要将 WR 或者 RD 设置为低电平。

3) 远程控制界面

使用 ESP8266 WiFi 模块配合机智云平台提供的固件模块实现联网功能，通过相应的路由器连接到机智云后台，再将单片机从 SUI-101A 型交流信号计量模块读取并处理后的数据发送到机智云平台的个人数据后台中，用户可以通过手机软件来远程获取用电设备数据，监控设备运行状态。

4) 通信模块

本实验系统通信模块采用 ESP8266 WiFi 模块，该模块内部包含了 TCP/IP 协议和 IEEE802.11 协议，可以通过串口实现 ESP8266 WiFi 模块和单片机系统之间的通信，以及 ESP8266 WiFi 模块与网络之间的数据传输。

4. 系统软件设计

本实验系统软件代码主要实现目标数据检测、数据传送和数据显示部分的功能。对于智能插座系统的程序设计，由于是在编译器 Keil 软件上采用 C 语言进行程序编写并进行程序的相关调试，因此具有良好的调试功能，方便开发者对程序进行修改优化。系统软件程序流程图如图 3-12 所示。

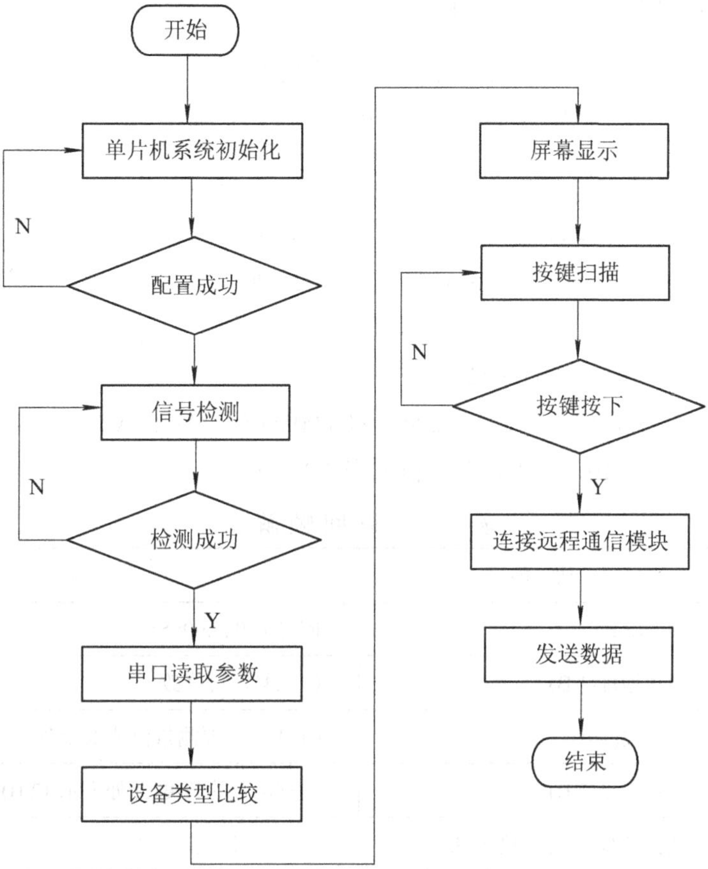

图 3-12　程序流程图

本软件程序所涉及的各模块说明如下：

1) SUI-101A 型交流信号计量模块

(1) 帧格式说明。因为在使用过程中使用的是自定义简易协议，所以将对自定义简易协议的帧格式进行说明。

如表 3-8 所示，帧头固定为 2 个 B，地址字节长度可修改，默认为 1 个 B，功能码为 1 个 B。数据长度为 2 B，范围在 0xFF～0xFFFF 之间，需要与实际数据长度匹配。校验和是从帧头开始(包括帧头)相加直到校验字节之前，然后取低 8 位得到的。

表 3-8　帧格式举例

0x55 0x55	0x01	0xF1	0x00 0x01	0x00	0x9D
帧头 (2 B)	地址码 (1 B)	功能码 (1 B)	数据长度 (2 B)	数据 (长度不固定)	校验和 (1 B)

(2) 具体功能码说明如表 3-9 所示。

表 3-9 功能码说明

功能码	0x01	0x02	0xF1	0xF2	0xF3
功能	主要测量值请求	全部测量值请求	修改波特率	修改通讯地址	累积电量清零

① 主要测量值请求命令(0x01)：计量模块接收到此命令后将会返回当前测量的电压有效值、电流有效值、有功功率。具体示例如下：

命令发送：55 55 01 01 00 00 AC

命令返回：55 55 01 01 00 0C 00 02 86 19 00 00 03 5A 00 02 2A 1C FE

返回帧解析如表 3-10，数据部分解析如表 3-11 所示。

表 3-10 返回帧解析

数 据	功 能	说 明
55 55	帧头(2 B)	固定为 0x55 0x55
01	通讯地址(1 B)	0～247，可修改
01	功能码(1 B)	01 表示主要测量值请求命令
00 0C	数据长度(2 B)	数据部分的长度(此处表示 12 B)
00…1C	数据部分(此处长度 12 B)	具体含义见表 3-11
FE	校验字节(1 B)	帧头到校验字节之前的数据之和取低 8 位

表 3-11 数据部分解析

返回数据	合成后数据	功 能	说 明
00 02 86 19	0x00028619	电压有效值(4 B)	无符号整型，高字节在前，单位为毫伏(mV)
00 00 03 5A	0x0000035A	电流有效值(4 B)	无符号整型，高字节在前，单位为毫安(mA)
00 02 2A 1C	0x00022A1C	有功功率(4 B)	无符号整型，高字节在前，单位为毫瓦(mW)

② 全部测量值请求命令(0x02)：计量模块接收到此命令后将会返回当前测量的电压有效值、电流有效值、累积电量、有功功率、功率因数、频率。具体示例如下：

命令发送：55 55 01 02 00 00 AD

命令返回：55 55 01 02 00 18 00 02 78 D5 00 00 03 48 00 02 13 D6 00 00 27 10 00 00 C3 22 00 00 03 8B F4

数据部分解析如表 3-12 所示。

表 3-12　数据部分解析(数据部分从第 7 字节开始)

返回数据	合成后数据	功　能	说　明
00 02 78 D5	0x000278D5	电压有效值(4 B)	无符号整型，高字节在前，单位为毫伏(mV)
00 00 03 48	0x00000348	电流有效值(4 B)	无符号整型，高字节在前，单位为毫安(mA)
00 02 13 D6	0x000213D6	有功功率(4 B)	无符号整型，高字节在前，单位为毫瓦(mW)
00 00 27 10	0x00002710	功率因数(4 B)	有符号整型，补码形式，高字节在前，功率因数 PF＝返回值÷1000(0≤PF≤1)
00 00 C3 22	0x0000C322	频率(4 B)	无符号整型，高字节在前，实际频率 F＝返回值÷1000，单位为赫兹(Hz)
00 00 03 8B	0x0000038B	累积电量(4 B)	无符号整型，高字节在前，累积电量 W＝返回值÷1000，单位为千瓦·时(kW·h)

③ 波特率修改命令(0xF1)：通过此命令码发送波特率的代码可修改波特率，共支持 6 种波特率，对应关系如下：1：4800，2：9600(默认)，3：19200，4：38400，5：57600，6：115200。

如果将波特率修改为 115200，则发送命令为：55 55 01 F1 00 01 06 A3，如表 3-13 所示。

表 3-13　波特率修改后的发送命令

55 55	01	F1	00 01	06	A3
帧头	地址	功能码	数据长度	数据(波特率代码)	校验和

修改成功返回：55 55 01 F1 00 01 06 A3

修改失败返回：55 55 01 F1 00 01 00 9D

④ 通讯地址修改命令(0xF2)：如果将通讯地址修改为 01，则发送命令为：55 55 01 F2 00 01 01 9F，如表 3-14 所示。

表 3-14　地址码修改为 01 后的发送命令

55 55	01	F2	00 01	01	9F
帧头	地址	功能码	数据长度	数据(新地址码)	校验和

修改成功返回：55 55 01 F2 00 01 02 A0

修改失败返回：55 55 01 F2 00 01 00 9E

⑤ 累积电量清零命令(0xF3)：累积电量通过此命令码发送固定值 0x12，0x34 方可进

行清零。清零成功返回 1，清零失败返回 0。命令发送：55 55 01 F3 00 02 12 34 E6，如表 3-15 所示。

表 3-15　累积电量清零命令

55 55	01	F3	00 02	12 34	E6
帧头	地址	功能码	数据长度	数据(累积电量清零)	校验和

清零成功返回：55 55 01 F3 00 01 01 A0

清零失败返回：55 55 01 F3 00 01 00 9F

(3) 模块使用。在使用 SUI-101A 交流计量模块之前，要先完成电压、电流等变量和串口接收数组等数据点的定义。

因为要使用模块的全部测量数据请求命令(0x02)，所以在计算校验和之后通过串口通信，具体是使用代码函数 USART_SendBuf(USART2，CmdTxBuf，7)，向模块发送命令。

当单片机从 SUI-101A 交流计量模块中获取到全部的交流信号数据后，必须要完成数据长度检测和校验值验证，完成之后再返回数据的各个部分，合成相应的有效值数据。

2) OLED 显示模块

本实验系统采用的 OLED 显示模块的控制器为采用并行接口方式进行通信的 SSD1306 芯片，它的读、写时序图分别如图 3-13 和图 3-14 所示。

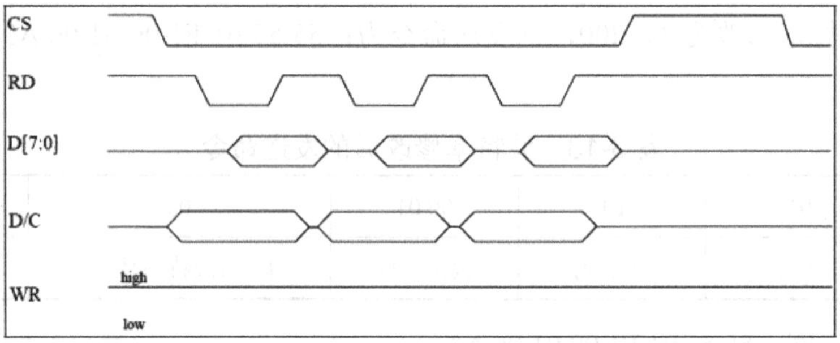

图 3-13　并行接口读时序图

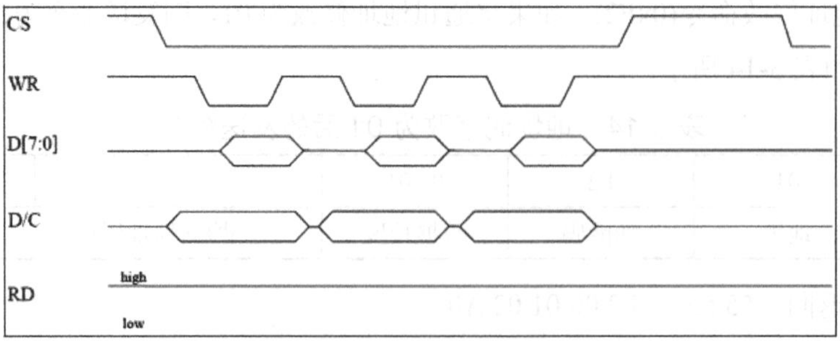

图 3-14　并行接口写时序图

(1) SSD1306 芯片控制方式。

在 SSD1306 芯片的 8080 并行接口方式下，控制引脚的信号状态所对应的命令功能如表 3-16 所示。

表 3-16　SSD1306 控制引脚信号状态功能表

功能	RD	WR	CS	DC
写命令	高电平	上升沿	低电平	低电平
读状态	上升沿	高电平	低电平	低电平
写数据	高电平	上升沿	低电平	高电平
读数据	上升沿	高电平	低电平	高电平

OLED 显示模块采用的控制器为 SSD1306 芯片，它的显存为 128 × 64bit 大小。SSD1306 芯片的显存可以分为 8 个部分，每一部分包含了 128 个字节，而 1 个字节为 8 位，刚好可以构成的点阵大小即为 128 × 64 位。但是这样就会有一个问题：当使用只写方式进行模块操作时，每一次都按照字节方式写入 8 位，所以会比较繁琐，而且在画点时必须了解清楚当前写入字节的每一位要设置的目标状态是高电平还是低电平，否则后写入的字节数据就会覆盖掉当前的状态，导致有些不需要显示的点被显示出来，而该显示的点却没有显示出来。为了解决这个问题，可以对点阵进行操作之前先读出其字节，确定每一位的状态，然后在读出的字节数据上进行相应的修改，最后将修改完成的字节写入控制芯片，让其在 OLED 屏幕上显示出来。

(2) OLED 模块的使用。

设置 STM32F407 单片机与 OLED 模块相连接的相关引脚，将与 OLED 模块相连的引脚配置为输出模式。

在显示字符、数字和汉字之前，先要对 OLED 显示模块进行初始化设置，具体是通过对模块的相关寄存器进行配置，从而初始化 OLED 显示模块。

通过算法函数将字符、数字和汉字显示到 OLED 模块上，即通过程序设计的算法函数将要显示的字符、数字和汉字中相应的位点亮进行显示。

3) 机智云平台

(1) 机智云平台使用说明。

使用机智云平台开发的第一步是创建一个产品，并定义它的数据点类型、范围和精度。数据点可以对系统的功能及参数进行抽象的描述，它也决定了单片机系统与机智云平台的通信数据格式。所以数据点创建完成后，系统和机智云就可以相互识别并进行通信工作。机智云平台会在后台对上传的数据进行统计，用户可以查看统计信息以便对智能插座系统进行调试。

机智云的数据点格式由以下几部分构成：

① 标识名：数据点的名称，变量的命名要遵循标准的开发语言，变量名命需要规范，以英文字母开头，除了英文字母同时也支持数字和下划线。标识名用于在应用层中进行传输，主要在开发客户端或业务时需要。

② 读写类型：规范数据点的作用形式，包括只读、可写、故障/报警读写类型。

只读：表示该数据点的值只能被读取，而不能被改变。数据只能从系统中被读取并发送到云端。

可写：可写类型的数据点可以由开发者改变，是可以进行双向传输的，既可以从设备上传到云端和手机等终端，也可以由云端和手机等终端对该数据点进行控制。

故障/报警：两者读写的数据类型均为布尔值，通过设置数据点的值表示是否发出故障/报警警告。该数据点的值不能被改变，数据只支持从设备终端进行上报。

③ 数据类型：定义数据点数据类型，包含有布尔类型、枚举类型、数值类型及扩展类型。

布尔类型：只有 0 或 1 两种表示状态，可以用来定义只有两种状态的情况。

枚举类型：当定义的某个功能或者元器件有固定的若干个值时，可以定义一个有限的取值集合来囊括所有的可能值。

数值类型：定义该类型时先要规定数值的范围，数值可以为负数或者小数，但机智云在处理时会将数值转为正数，处理完成后在转换回去。

扩展类型：当存在上述功能点无法满足复杂功能时可以使用该类型。数据长度和内容由开发者自定义。

机智云数据点定义如表 3-17 所示。

表 3-17　机智云数据点定义

显示名称	标识名	读写类型	数据类型	数据/枚举范围
电压(V)	Vrms	只读	数值	0～300 V
电流(A)	Irms	只读	数值	0～13 A
功率(W)	PActive	只读	数值	0～3000 W
功率因数	PowerFactor	只读	数值	0～1
设备种类	Equipment_type	只读	枚举	0.其他，1.电脑，2.电烙铁，3.小台灯，4.小风扇，5.吹风机，6.无

建立完成数据点后进行测试，测试完成之后生成代码包，并对代码进行修改使其可以运用在本方案中。代码包主要内容如表 3-18 所示。

表 3-18　机智云生成的代码包主要内容

文　件	说　　明
Gizwits_product.c	该文件为产品相关函数，如平台硬件初始化等
Gizwits_product.h	该文件为 Gizwits_product.c 的头文件，存放产品相关宏定义
Gizwits_protocol.c	该文件为应用程序接口函数定义文件
Gizwits_protocol.h	该文件为 Gizwits_protocol.c 对应的头文件，存放相关应用程序接口的声明

在实现智能插座系统联网功能时，通过已经烧写好 GAgent 固件的 ESP8266 WiFi 模块、机智云平台提供的 AirLink 模式以及手机等设备终端上的机智云应用程序来联合实现其功能。当打开手机等设备上的应用程序，并设置通信模块进入 AirLink 模式时，ESP8266 模块会不停地向外接收数据。只有当接收到手机发出的特定编码的 WiFi 广播包时，WiFi 通信模块才会连入手机正连接着的路由器，这样智能插座系统就可以连接上网络了。

(2) 下行数据处理。

下行数据处理指的是处理云端或者手机应用发送过来的控制事件请求，并根据下发用户事件完成相应的控制。

函数调用逻辑关系如图 3-15 所示。

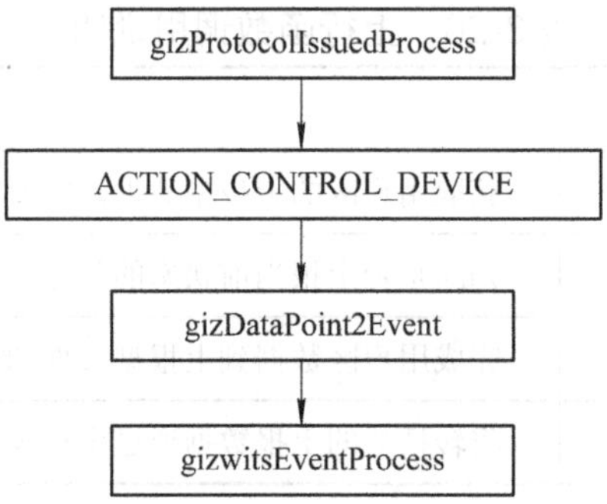

图 3-15　下行函数调用逻辑

下行函数调用说明如表 3-19 所示。

表 3-19　下行函数调用说明

函　数	说　　明
gizProtocolIssuedProcess	该函数 5 被 gizwitsHandle()函数调用，接收来自云端或手机软件下发的相关协议数据
ACTION_CONTROL_DEVICE	进行“控制型协议”的相关处理
gizDataPoint2Event	根据协议生成“控制型事件”，并进行相应数据类型的转换
gizwitsEventProcess	根据已生成的“控制型事件”进行相应处理(包括相应的驱动函数)，需要开发者完成对控制事件的处理

通过实现以上的下行函数处理逻辑。在本方案中，当 WiFi 设备与网络连接时，LED0 为低电平，灯点亮；当 WiFi 设备与网络断开时，LED0 为高电平，灯熄灭。这样就可以根据灯的亮灭来判断 ESP8266WiFi 通信模块是否与网络相连了。

(3) 上行数据处理。

上行数据处理指的是向云端以及手机应用终端上报设备状态。与上报型协议相关的函数调用逻辑关系如图 3-16 所示。

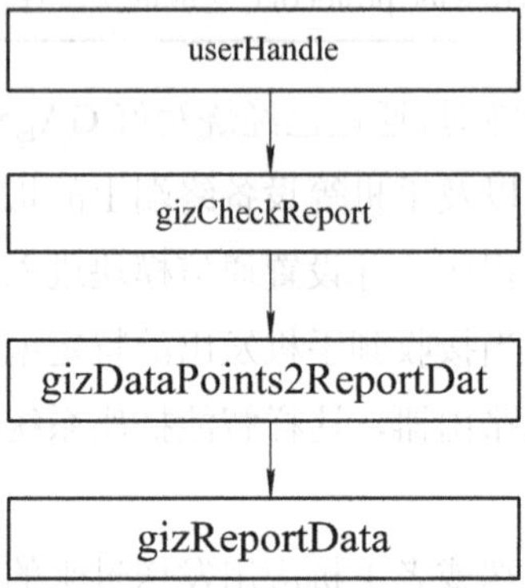

图 3-16　上行函数调用逻辑

上行函数调用说明如表 3-20 所示。

表 3-20　上行函数调用说明

函　数	说　　明
userHandle	获取用户区的上报型数据，需要开发者完成
gizCheckReport	判断是否上报当前状态的数据
gizDataPoints2ReportData	完成用户区数据到上报型数据的转换
gizReportData	将转换后的上报数据通过串口发送给 WiFi 模块

上报用户设备状态的相关代码在 userHandle()函数中进行执行上传操作。在用户创建数据点的同时，为了保存相关数据点的状态信息，会生成一个包含所有数据点的设备状态结构体，所以开发者只要把智能插座系统读取到的用电设备的各项数据写入该设备状态结构体，则结构体中的数据信息就会通过 gizwitsHandle()函数上传到开发者后台。

5. 区分用电设备种类

在实际生活中，大多使用用电设备的功率因数来区分设备是感性负载还是阻性负载。但具体到一个设备这仍然不够准确，比如电烙铁和热风机的功率因数都是 1，所以在本方案中除了使用功率因数，还引入了有功功率以及电流大小来区分设备种类的范围。可以通过预先圈定用电设备的各个测量值的数据范围，然后通过条件分支语句进行判断，另外还可以获取用电器电流的谐波分量来进一步区分用电设备。

第 4 章　智能小车系列创新实验

智能小车也称轮式机器人，从结构上可分为单轮、两轮、三轮及四轮车等；从功能上可以分为寻迹避障、跟踪、爬墙等；也可附加更多的功能，如自动投放三脚架、清扫垃圾等。

本章所给系列实验涉及专业知识包括：电机及驱动、各种传感器(如姿态、测速、测距、颜色识别等)、图像、语音、模式识别、控制算法、机械结构设计等。

本章所给系列实验包含的各种功能小车如图 4-1 所示。

(1) 寻迹避障小车实验：按照预设的轨道行驶，遇到障碍物时自动避开。

(2) 跟踪小车实验：识别目标物体，并且跟踪它。

(3) 二轮平衡车实验：单轮或双轮车，能够自主平衡。

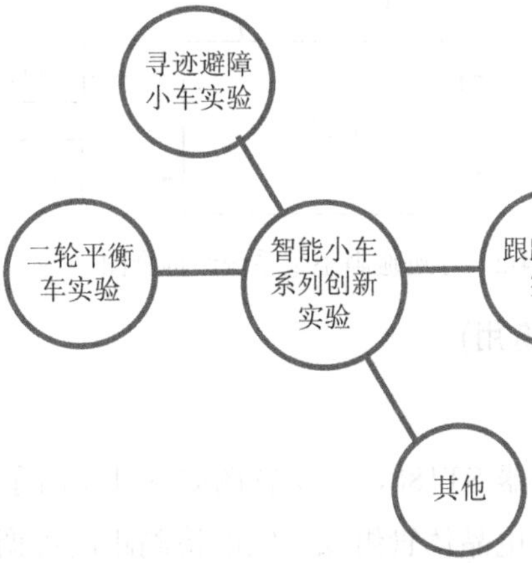

图 4-1　智能小车创新实验系列

4.1　寻迹避障小车实验

4.1.1　实验目标

本设计主要完成的是寻迹避障小车能主动识别轨迹，沿着轨迹前进，并能实时判别正前方是否有障碍物。若有障碍物，则测出与它的距离，并根据相应算法来避开障碍物，还需要测量小车的运行速度及行驶距离。

拓展部分：完善系统功能，提升系统技术指标，如使用不同传感器、驱动模块，增加其他功能，如报警、遥控、远程监控等。

4.1.2　参考方案

1. 系统总体设计

系统结构框图如图 4-2 所示。具体如下：

(1) 光电传感器：用于检测道路上的白线和黑线。

(2) 微处理器：用于读取处理各传感器数据、读取处理按键数值、驱动各控制模块、驱动显示器。

(3) 按键：用于设置阈值等参数。

(4) 显示器：显示距离、速度等测量结果、控制阈值范围、各控制模块工作状态等。

(5) 超声传感器：测量小车前方障碍物的距离。

(6) 测速传感器：测量小车运行速度，从而也可以换算出小车运行的距离。

(7) 电机驱动：控制小车前进、后退或转弯。

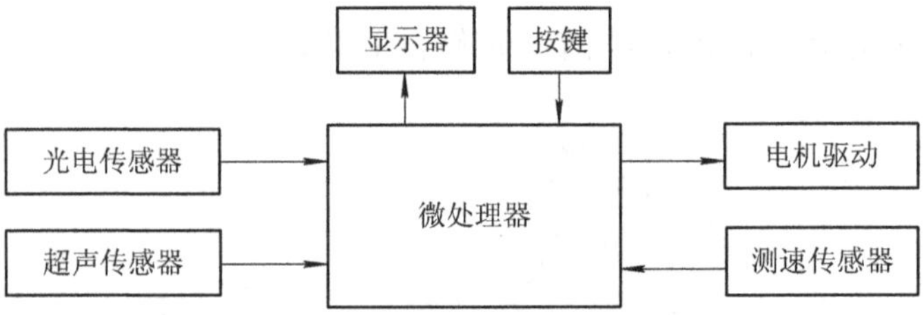

图 4-2　寻迹避障小车系统结构框图

2. 系统硬件设计(电路模块选用)

1) 寻迹模块

单光束反射取样式光电传感器 ST188，其实物图如图 4-3 所示。ST188 采用高发射功率红外光电二极管和高灵敏度光电晶体管组成。它的检测距离可调范围大，4～13 mm 都可用。其逻辑电路图如图 4-4 所示。

图 4-3　ST188 实物图

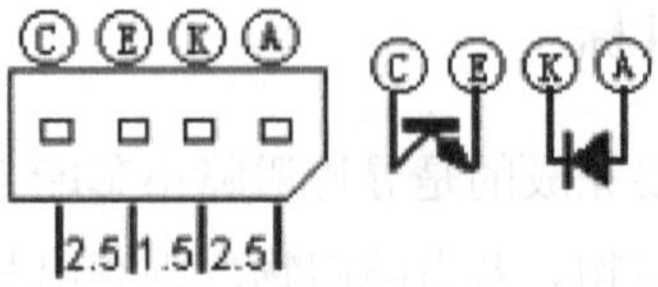

图 4-4　ST188 逻辑电路图

光电管检测及调理电路如图 4-5 所示。由于白色背景与黑色背景对光的反射强度存在差异，白色背景对光的反射比黑色背景要强，如果传感器的正下方是白色背景，那么光的反射强度较大，接收管导通。此时运放的 2 脚端为低电平，由于运放工作在比较器模式，则会在 1 脚端输出高电平。发光二极管点亮，同时 OUT 端输出高电平。同理，如果传感器的正下方是黑色背景的话，比较器和 OUT 端输出低电平，发光二极管灭。

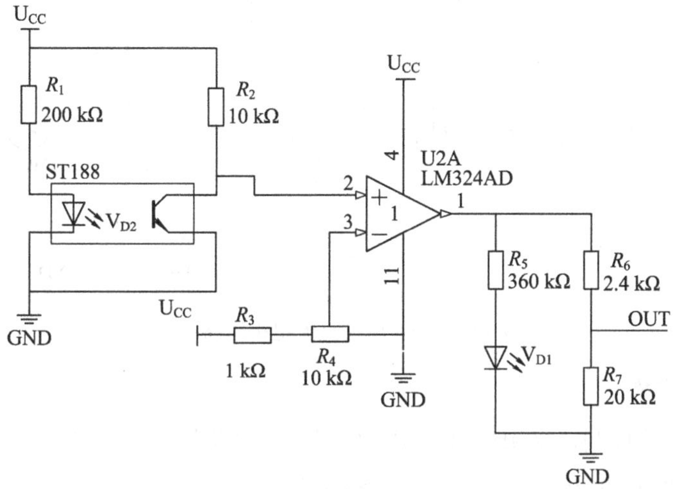

图 4-5　光电管检测及调理电路

由于传感器制造工艺的问题，每个传感器的特性存在差异，且同一个传感器在不同环境中的特性也会不同，为此，在运放的 3 脚端加了一个电位器，可以调节比较器基准电压，相当于对光电传感器进行参数调整。

2) 电机驱动模块

直流电机具有优良的调速特性，调速平滑、方便、调整范围宽、过载能力强，能承受频繁的过冲负载。

L298 作为直流电机的驱动芯片，是一种具有双 H 桥高电压大电流驱动器，可用来驱动继电器、线圈、直流电动机等大功率电感性负载。每个 H 桥的下侧桥臂晶体管发射极连在一起，其输出脚(1 和 15)用来连接电流检测电阻，可有效防止电流过大而烧坏器件。9 脚接逻辑控制部分的电源，常用 +5 V。4 脚为电机驱动电源 Us，其范围为 5～46 V，动态范围极大，本方案只需要控制的一个直流电机，所以只用到了该芯片的一半逻辑电路。6 脚为该芯片左半电路的使能端。2、3 两管脚接直流电机的两端，通过 2、3 两管脚输出的不同电平组合来控制直流电机的正反转。而 2、3 两管脚输出状态又由 5、7 两管脚的输入状态决定，5 管脚接单片机输出的 PWM 波，7 管脚作电机正反转的控制信号。

L298 驱动直流电机电路图如图 4-6 所示。电容 C_1、C_2、C_3 为电源滤波电容。由于电机呈感性，所以加了 4 个二极管，防止电流对芯片的冲击。

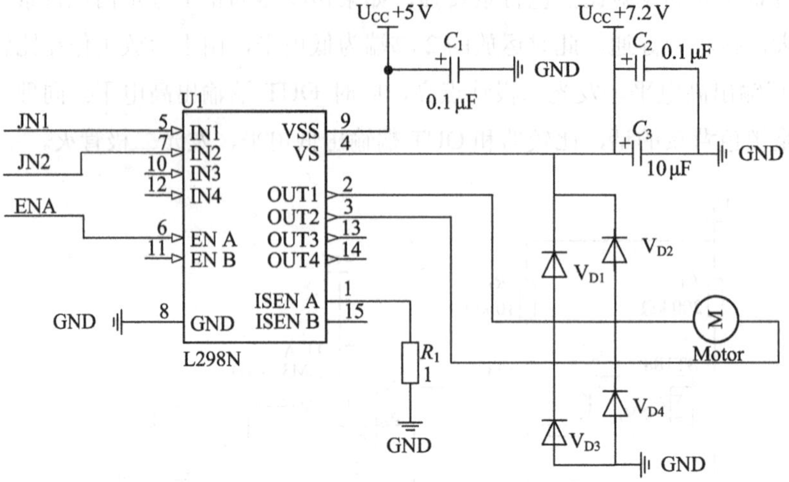

图 4-6　L298 驱动直流电机电路图

3) 转向控制模块

对于小车方向的控制，采用舵机方案。舵机是一种位置伺服驱动器，其内部有一个基准电路，产生周期为 20 ms，脉冲宽度为 1.5 ms 的信号。比较器将外加信号与基准信号相比较，判断出方向和大小，从而产生电机的转动信号。舵机通常分为 180° 舵机和 360° 舵机，其区别在于：给 180° 舵机一个 PWM 信号，舵机会转到一个特定角度；而给 360° 舵机一个 PWM 信号，舵机会以一个特定的速度转动。舵机的控制一般需要一个 20 ms 左右的时基脉冲，该脉冲的高电平部分一般为 0.5～2.5 ms 范围内的角度控制脉冲部分。以 180° 舵机为例，那么对应的控制关系如下：

0.5 ms----------------0°；

1.0 ms---------------45°；

1.5 ms---------------90°；

2.0 ms---------------135°；

2.5 ms---------------180°。

PWM 信号与 360° 舵机转速的关系如下：

0.5 ms----------------正向最大转速；

1.5 ms----------------速度为 0；

2.5 ms----------------反向最大转速。

本方案采用 180° 舵机，由单片机输出 PWM 信号接舵机控制线，即能使舵机在正负 45° 范围内转动，从而实现左右转向功能。其波形图如图 4-7 所示。

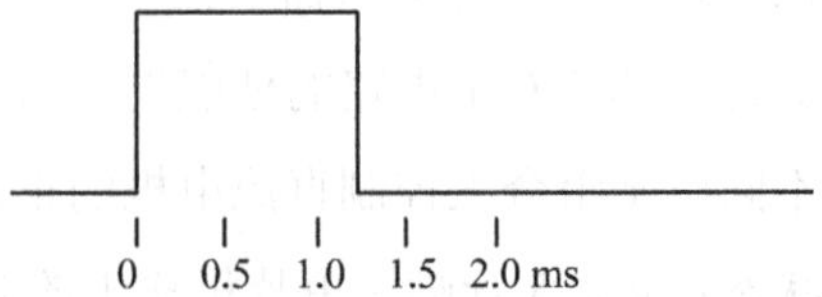

图 4-7　舵机转向脉冲波形图

4) 车速车距检测模块

车速车距检测模块采用旋转式光电编码器，它是一种集光、机、电为一体的数字检测装置，具有精度高、响应快、抗干扰能力强、性能稳定可靠等显著优点。光电编码器是一种通过光电转换将输出轴上的机械几何位移量转换成脉冲或数字量的传感器，由光栅盘和光电检测装置组成。光栅盘是在一定直径的圆板上等分地开通若干个长方形孔。由于光电码盘与电动机同轴，电动机旋转时，光栅盘与电动机同速旋转，经发光二极管等电子元件组成的检测装置检测输出若干脉冲信号，通过计算每秒光电编码器输出脉冲的个数就能反映当前电动机的转速。此外，为判断旋转方向，码盘还可提供相位相差 90°的两路脉冲信号。根据其刻度方法及信号输出形式，通常可分为增量式编码器和绝对式编码器。

(1) 增量式编码器。每转过单位的角度就发出一个脉冲信号，通常为 A 相、B 相、Z 相输出。A 相、B 相为相互延迟 1/4 周期的脉冲输出，根据延迟关系可以区别正反转，而且通过取 A 相、B 相的上升和下降沿可以进行 2 或 4 倍频；Z 相为单圈脉冲，即每圈发出一个脉冲，用于基准点定位。也有简单的 A 相、B 相输出或只有 A 相输出的。

(2) 绝对式编码器。绝对值型是对应一圈，每个基准的角度发出一个唯一与该角度对应二进制的数值，通过外部记圈器件可以进行多个位置的记录和测量。结构上在它的圆形码盘上沿径向有若干同心码盘，每条道上有透光和不透光的扇形区相间组成，码盘上的码道数是它的二进制数码的位数，在码盘的一侧是光源，另一侧对应每一码道有一光敏元件，当码盘处于不同位置时，各光敏元件根据受光照与否转换出相应的电平信号，形成二进制数。这种编码器的特点是由其机械位置决定的每个位置的唯一编码，它无需记忆，无需找参考点，而且不用一直计数，在转轴的任意位置都可读出一个固定的与位置相对应的数字码，在定位方面具有明显优势。编码器的抗干扰特性、数据的可靠性大大提高了。在单圈编码的基础上再增加圈数，设计成多圈式绝对编码器，以扩大其测量范围。

应用编码器来计算小车的行走速度，其方法是在小车的轮子旁边安装编码器。如果轮子滚动，就可以带动编码器一起转动，使其输出一串的脉冲信号。依据小车的轮子运动一周有多少个脉冲，可以算出每一个脉冲对应轮子转过的角度是多少，然后依据小车轮子的半径，就可以算出每一个脉冲，对应小车运动的距离是多少。通过总脉冲数可以计算出小车运行距离；也可以通过测量每秒有多少个脉冲信号，计算出小车的运行速度。

5) 电源模块

电源采用飞思卡尔小车专用电池，其标准输出电压为 7.2 V。小车工作需要多种电压，需要进行电压转换。其中单片机系统、车速传感器电路需要电压为 3.3 V，路径识别的光电传感器和接收器电路电压工作为 5 V，舵机工作电压范围 4.8 V～6 V，直流电机可以使用 7.2 V 电池直接供电。考虑到驱动电机引起电压瞬间下降的现象，因此采用低压降的三端稳压器。此外还需要增加一些滤波电路，常见的电源滤波电路分为三种，即电容滤波、RC滤波及π型滤波。电容滤波是最简单且常见的滤波电路，只要把滤波电容并联在电路的输出端与负载之间即可。RC 滤波的效果比电容滤波效果更佳，对于大电流的电路，会产生大的压降。π 型滤波用在负载直流电流较大的场合，压降较小，就能得到更好的消除滤波效果。本方案采用线性稳压芯片 LM7805 和 AMS1117，外接电路简单，而且带负载能力也比较强，输出电流可以达到 1 A。其中 LM7805 用于将电池 7.2 V 电压降到 5 V，在电池和该芯片之间增加了 π 型滤波电路，AMS1117 用于将 5 V 电压降低到 3.3 V。

6) 超声波测距模块

可以采用超声测距，本方案采用 HC-SR05 超声波模块测距，其参数如表 4-1 所示。

表 4-1　HC-SR05 参数表

工作电压	DC 5 V
工作电流	15 mA
工作频率	40 kHz
最远距离	4.5 m
最近距离	2 cm
测量角度	15°
测距精度	3 mm
输入触发信号	10 us 的 TTL 高电平脉冲
输出回响信号	输出 TTL 高电平信号，与测量距离成比例

如图 4-8 所示，超声测距模块有 5 个管脚，从上到下依次是 U_{CC}、Trig、Ehco、OUT 和 GND。

引 脚	功 能 介 绍
U_{CC}	电源
Trig	触发输入端
Ehco	回响输出端
OUT	开关量输出
GND	地

图 4-8　超声测距模块引脚说明图

测量过程的时序图如图 4-9 所示。根据时序图，测量过程步骤如下：

① 单片机向传感器 Trig 端发送一个高电平，且至少持续 10 us。

② 传感器会自动循环发出 8 个 40 kHz 的脉冲。

③ 等待回响信号(Ehco 出现上升沿)。

④ 测量回响信号持续时间(捕捉到 Echo 出现下降沿)。

⑤ 计算回响信号高电平持续时间 t。

⑥ 根据 t 计算测量距离，公式为距离 $S = (t \times v)/2$，其中 v 为超声波传输速度。

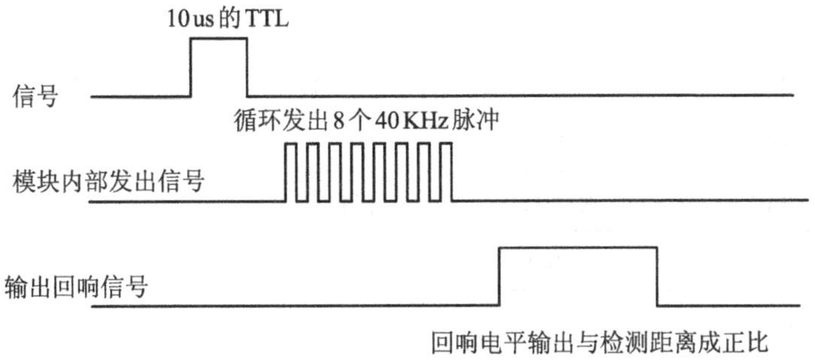

图 4-9　超声波传感器时序图

建议测量周期 60 ms 以上，以防止发射信号对回响信号影响。注意：被测物 0.5 m^2 以上，尽量平整。

7) 红外测距模块

红外测距模块采用 GY-53，它是一款低成本数字红外测距传感器模块。其工作电压为 3～5 V、功耗小、体积小、安装方便。其工作原理是红外 LED 发光，照射到被测物体后，返回光经过 MCU 接收，MCU 计算出时间差，得到距离，直接输出距离值。GY-53 技术参数如表 4-2 所示。

表 4-2　GY-53 技术参数

名　称	参　数
测量范围	0～2 m
响应频率	22 ms(最高)
工作电压	3～5 V
工作电流	25 mA
工作温度	−20～85℃
储存温度	−40～125℃
尺寸	25 mm × 15.6 mm
传感器芯片	VL53L0X

该模块为串口和 IIC 输出模块，模块默认为串口模式。串口模式下，PWM 自动工作。串口模式(默认)：PS 端口拉高，模块上电，默认配置为波特率 9600、高精度测量、连续输出模式；使用该模块配套的上位机可方便的对模块进行相应的设置；上位机使用前先选择好端口和波特率，然后再点击打开串口按钮，此时上位机将显示对应的数据，点击帮助按钮，在上位机下方状态栏将显示具体按钮用法。GY-53 引脚说明如图 4-10 所示。

Pin1	U_{CC}	电源 +(3～5 V)
Pin2	GND	电源地
Pin3	TX	串口 USART_TX
Pin4	RX	串口 USART_RX
Pin5	PWM	距离转换为 PWM 形式输出
Pin6	PS	串口/IIC 模式转换
Pin7	XSHUT	待机模式控制
Pin8	GPIO1	测量有效中断
Pin9	SDA	芯片 SDA
Pin10	SCL	芯片 SCL
Pin11	GND	电源地
Pin12	U_{CC}	电源 +(3～5 V)

图 4-10　GY-53 引脚说明图

注：所有的设置指令只有发送保存指令后才会掉电保存状态。

仅使用传感器芯片模式：PS 端口接 GND，此模式下模块的 MCU 不对芯片进行设置和读取，用户直接控制传感器芯片。

8) 单片机主电路

单片机主电路采用德州仪器公司的 16 位超低功耗单片机 MSP430F149。该款单片机是一款超低功耗的微处理器，具有 16 位 RISC 结构，CPU 中的 16 位寄存器和常数产生器，使 MSP430 具有最高的代码效率。它的内部配置两个 16 位定时器、一个高速 12 位 A/D 转换器、有 48 个通用 I/O 引脚，丰富的片内外设资源可以节省外围电路的设计。

该单片机的特点如下：

① 同其他微控制器相比，MSP430 系列可以大大延长电池的使用寿命。

② 6 us 的启动时间可以使启动过程更加迅速。

③ ESD 保护，抗干扰力强。

④ 多达 64 kB 寻址空间，包含 ROM 、RAM 闪存、RAM 和外围模块。

⑤ 通过堆栈处理，中断和子程序调用层次无限制。

⑥ 仅 3 种子令格式，全部为正交结构。

⑦ 尽可能做到 1 字/指令。

⑧ 源操作数有 7 种寻址模式，目的操作数有 4 种寻址模式。

⑨ 外部中断引脚：I/O 口具有中断能力。

⑩ 中断优先级：对同时发生的中断按优先级别处理。

⑪ 嵌套中断结构：可以在中断服务过程中再次响应其他中断。

⑫ 外围模块地址为存储器分配，全部寄存器不占用 RAM 空间，均在模块内。

⑬ 定时器中断可用于事件计数、时序发生、PWM 等。

⑭ 看门狗功能。

⑮ A/D 转换器(10 位或更高精度)。

⑯ 正交指令简化了程序的开发：所有指令可以用任意寻址模式。

⑰ 已开发了 C-编译器，采用模块设计思想，所有模块采用存储器分配。

⑱ MSP430 全部为工业级 16 位 RISC MCU −40～85℃。

单片机的一个晶振周期就是一个指令周期，单片机主晶振是 8 M。低频辅助晶振是 32 768 Hz，其主要为对时钟要求不是很高的外设准备的，以便降低功耗。

3. 系统软件设计

系统初始化(微处理器配置各 I/O 口，读取各初始参数)后，读取按键数值，获取各参数阈值(如避障距离)，然后读取寻迹传感器数据，依次判断小车有无偏离路线，如果偏左，则控制车轮右转；如果偏右，则控制车轮左转。测量小车前方有无障碍物，如果有，则控制转弯，继续测量小车运行速度，并换算出运行距离，最后显示结果，返回读取按键数值步骤，循环。寻迹避障小车主程序流程图如图 4-11 所示。

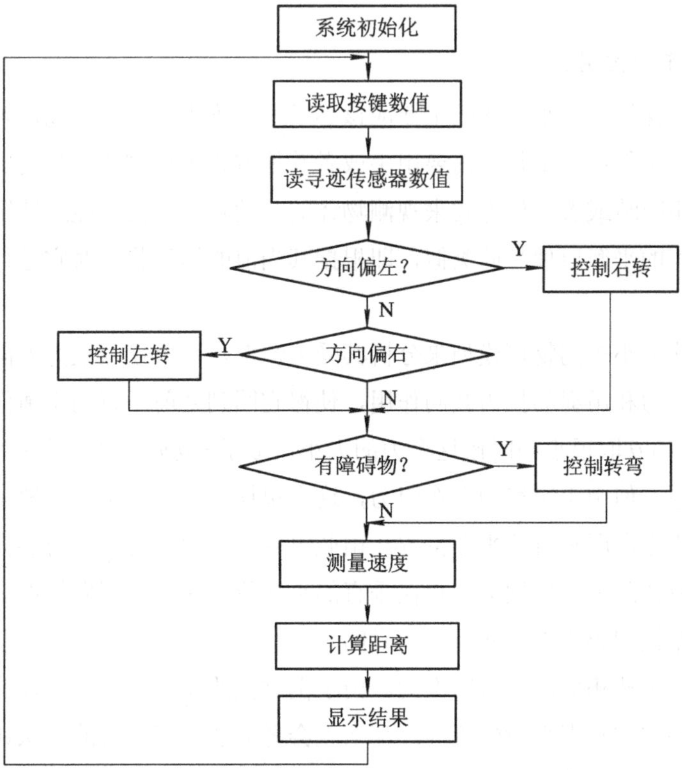

图 4-11　寻迹避障小车主程序流程图

4.2 二轮平衡车实验

4.2.1 实验目标

二轮平衡车结合姿态传感器、电机驱动及平衡控制算法于一体，结构简单、体型灵巧、运行方便，并且具有一定程度上的非线性、不稳定等特点。二轮平衡车在日常生活有较广泛的应用，在运动学领域也有一定的研究探索价值。

要求实现基本功能如下：

(1) 实现小车自平衡功能，使用姿态传感器测量小车倾角，根据倾角大小，结合卡尔曼滤波以及 PID 算法控制小车动作，使小车能够在一定角度范围内平衡。

(2) 给平衡车增加遥控功能，使之能够根据遥控指令前进、后退、左右转弯。

拓展部分：完善小车功能，提升其技术指标，如使用不同传感器、驱动模块、遥控模块，增加其他功能，如寻迹避障、打靶等。

4.2.2 参考方案

1. 背景知识

1) 二轮平衡车的控制原理

对人来说要去保持一个小物体的平衡应该不是一件难事，并且可以比较容易地理解，这其中需要的两个条件：一个是人需要用手或者其他方式来控制物体从而保持平衡状态；另一个是人需要用眼睛或者其他方式来观测物体的运动趋势从而才能继续维持物体的平衡状态。二轮平衡车的平衡原理与此类似，即根据其当前的倾斜状态对它进行运动控制，使其保持平衡。

单摆模型可作为小车的物理模型来分析其受力情况。设单摆与重力方向的夹角为 θ，此时物体会受到重力和吊绳的拉力共同作用，使得它回到之前垂直的平衡位置。这个力的大小为 $-mg\sin\theta$，当 θ 取很小的时候这个力的大小近似于 $-mg\theta$。即此时这个合力与角度的大小成正比的关系。但由于空气中存在阻力，这个单摆并不会永不停止地来回摆动，而是最终会停在与水平方向所垂直的平衡位置。由此可知：空气阻力大小势必会影响这个模型的平衡。假设没有该阻力，单摆会一直在垂直的平衡位置左右来回做简谐运动；阻力足够大，反而会加长单摆回到垂直平衡位置的时间。

倒立摆和单摆虽然相似，但有所不同。由于倒立摆的受力情况与单摆恰好相反导致它本身是无法自我稳定到垂直平衡位置的。那么就会考虑能否有适合的办法让倒立摆能够像单摆一样，在垂直平衡的地方停下来。由于不可能改变重力的方向，所以一般只能给它再额外施加一个外力，从而使得它受到的恢复力与位移的方向相反。

二轮平衡车的控制原理类似于将倒立摆安装在小车上面，因此只要对车轮进行调节控制，让它作相应的加速运动(加速度以 a 表示)，根据惯性定理可以知道平衡车此时会受到一种推力，这个力随着车轮的加速度的增大而成比例增大，并且反向。由计算可得此时二轮平衡车的恢复力大小或等于 $mg\sin\theta - ma\cos\theta$。

另外，可以通过增加阻力的办法减少二轮平衡车到竖直平衡状态所需的时间。二轮平衡车受到的空气阻力和摩擦阻力相对较小，所以在这里可以施加一个外力。这个外力需要满足随偏移角的增长而成一定比例增长，同时反向的条件。此时的恢复力在考虑角度足够小的情况下为 $mg\theta - m_{k1}\theta - m_{k2}\theta$。此时可以把倒立摆视为单摆，最终可以在垂直平衡处稳定静止。上面的两个参数，k_1 决定了该小车模型是否最终在垂直平衡的位置停止下来，只有当 k_1 大于物体的重力加速度 g 时才可以让二轮平衡车进入平衡状态；k_2 决定了二轮平衡车进入垂直平衡所需的时间。

简化之前的模型，如图 4-12 所示。设倒立摆重心的高度为 L，质量为 m，倾斜角为 θ，车轮的加速度为 a。然后将其放置在一个可以左右滚动的车轮上。设外力对该模型产生的角加速度为 $x(t)$。通过分析得到如下的关系方程式：

$$L\frac{\mathrm{d}^2\theta(t)}{\mathrm{d}t^2} = g\sin[\theta(t)] - a(t)\cos[\theta(t)] + Lx(t) \tag{4.1}$$

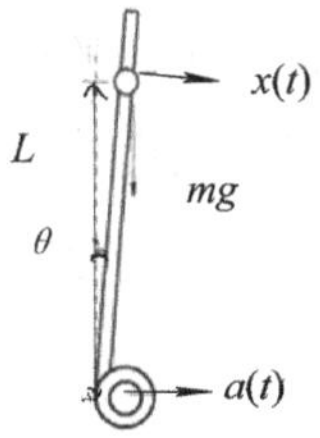

图 4-12　直立平衡模型示意图

当角度接近 0 时，该方程可以简化为

$$L\frac{\mathrm{d}^2\theta(t)}{\mathrm{d}t^2} = g\theta(t) - a(t) + Lx(t) \tag{4.2}$$

当上述模型处于静止状态时，表达式为：

$$a(t) = 0 \tag{4.3}$$

$$L\frac{\mathrm{d}^2\theta(t)}{\mathrm{d}t^2} = g\theta(t) + Lx(t) \tag{4.4}$$

在对角度的反馈控制的过程中，根据 PID 算法的概念，k_1、k_2 分别对应的是 P 参数和 D 参数。其中 k_2 所对应的 D 参数相当于所施加的促使它平衡的外力，通过这种方式来让二轮平衡车尽快进入平衡状态。这种控制振荡的方式也可以用于控制二轮平衡车的速度和方向。

由上述可知，二轮平衡车模型达到垂直方向上的平衡需要如下条件：

(1) 需要高精度地测量，并得到小车实时的倾角 θ 和角速度的大小；

(2) 通过外力来有效地控制车轮的加速度。

上述两个条件中，第一个条件不仅需要测量二轮平衡车当时的倾角和角速度，还需要对 k_1、k_2 进行有效的控制。第二个条件是对车轮的控制，其实就是对驱动电机的控制。通过对电机转速的控制，从而完成对车轮加速度的调控。想要控制电机的运动，实际上只需要对发送到电机的电压进行控制即可。电机的运动一般分为加速和匀速。前者是通过驱动电机让车轮加速转动使得二轮平衡车进行加速运动，加速度与通过电机的电压近似成正比关系，而加速过程的时间取决于惯性环节的时间常数。后者是驱动电机让车轮匀速转动使得二轮平衡车进行匀速运动，二轮平衡车的速度与通过电机的电压成正比关系。

二轮平衡车主要功能还是保证平衡，即保持与地面垂直的姿势的基础上，可以被遥控执行前进、后退、旋转等指令。在二轮平衡车运行时，由于外界环境的干扰以及自身的某些因素，必然会让个体有一定的倾斜。设它倾斜的角度为 θ，故要做的就是让这个角度 θ 尽可能趋向 0(使其为 0 最好，但实际难以做到)，这样就可以做到让二轮平衡车处于与水平垂直的平衡状态。在平衡状态时继续保持二轮平衡车的重心与底部的中心处于同一垂直线上。当它前倾时让车轮前进，从而使得中心与底部的中心处于同一垂直线上。同理，当它后倾时，只需让车轮后移以同样的方式调节重心的位置即可。对二轮平衡车的平衡控制，主要是根据二轮平衡车当前的倾斜角度对驱动电机进行调节来控制车轮的滚动，进而平衡二轮平衡车。

2) 速度控制

速度控制要以直立平衡为基础。如果把直立平衡的 PID 控制体系中的理想角度定在机械平衡点的前面或后面，则二轮平衡车会向前或向后运动，但是其速度会越来越快，所以需要建立一个速度控制的 PID 控制，即“速度偏差 = 理想速度 − 整车速度”。将 PID 控制的输出叠加到直立平衡 PID 控制的理想角度上，如速度过快，使理想角度往后倾，即可达到减速的效果。

3) 系统需要用到的算法

(1) 卡尔曼滤波。

系统直接读取姿态传感器 MPU6050 的 DMP 里的数据，换算出姿态角，但其精度和稳定性不够好，主要是因为一方面车体自身运动产生的振荡噪声会使姿态传感器产生误差，另一方面其内部的温度漂移和零点漂移会通过积分的方式把产生的误差放大。为了解决以上问题，需要进行滤波，如加入卡尔曼滤波让小车达到更好地平衡效果。

卡尔曼滤波(Kalman filtering)是一种利用线性系统状态方程，通过系统输入输出观测数据，对系统状态进行最优估计的算法。因为观测数据中包括系统中的噪声和干扰的影响，所以最优估计也可看作是滤波过程。

数据滤波是去除噪声还原真实数据的一种数据处理技术，卡尔曼滤波在测量方差已知的情况下能够从一系列存在测量噪声的数据中，估计动态系统的状态。由于它便于计算机编程实现，并能够对现场采集的数据进行实时的更新和处理。卡尔曼滤波是目前应用最为广泛的滤波方法，在通信、导航、制导与控制等领域得到了较好的应用。

卡尔曼滤波器的原理是：根据之前状态的值和当前状态的测量值并更新对当前状态的协方差，从而推断出当前状态的估计量。考虑了过去、现在、未来多种状态的信息，具有很好的滤波效果。

可以这么理解，卡尔曼滤波器包括预估和更新两个阶段。在预估阶段时，滤波器依靠前一刻的信息，估算出当前状态；在更新阶段时，则是将即将先验状态的估计量与当前获得的测量量相结合，改善状态的估计值，从而获得当前后验状态的估计值。

对于具体的运算过程则主要为以下几个部分：

① 要根据过去的值和现在的控制量，计算得到现在的初步估计值。利用过去时刻的后延协方差矩阵和现在时刻的噪声协方差矩阵，预测上面得到的初步估计协方差。② 综合再计算上述得到的初步估计值、测量误差、最优的增益矩阵，得到所需要的 k 时刻下的最优估计值，同时还更新了 k 时刻下的协方差。③ 将 k 时刻求解得到的值作为初始值，重复上述过程就可以求得接下来时刻的最优估计值。

程序具体实现过程是：先根据陀螺仪输出的积分计算得到小车的角度值，这个数值用作后面小车的估计数据，进而推断小车运动的观测方程；同时，通过加速度计采集的数据计算得到瞬间的角度数据，进而得到小车此时状态的方程为

$$\mathrm{Pdot} = \boldsymbol{A} \times \boldsymbol{P} + \boldsymbol{P} \times \boldsymbol{A}' + \mathrm{P\_angle} \tag{4.5}$$

式中，$\boldsymbol{A}$ 是雅克比矩阵，$\boldsymbol{P}$ 是协方矩阵，P_angle 是系统对陀螺仪的偏信程度。由此可以得到用于对后续数值线性化处理的一个微分值。通过之前得到的估计和预测的值作减法运算，得到一个前后对比的误差值。从而可以得到 2 个卡尔曼的增益值，一个可以用来作为想要的估计值，另一个用于计算前者的误差。同时计算得到之后要使用的协方差矩阵 $\boldsymbol{P}$。最后通过卡尔曼增益计算出来的估计值和预测数值的误差，可以得到所需角度和对应速度的数值。

(2) PID 控制算法。

PID 控制是一种线性控制，是一个种输入到控制器的控制。PID 即 Proportional(比例)、Integral(积分)、Differential(微分)的缩写，分别对应 3 个控制：P 为比例控制，用以能更快抵达目标；I 为积分控制，用以减小误差；D 为微分控制，用以加快调整。它的偏差是输入的定值和输出的实际值的差值。由于平衡、速度、转向等多种情况，它们所对应的最合

适的 PID 控制系统也是不同的。最终都可以通过改变 PID 控制算法中的 P、I、D 对应的参数灰到控制目的，该思路的本质就是比例、积分、微分三者相互补充。二轮平衡车的控制实际是比较复杂的，影响它平衡的变量很多，且控制过程具有非线性。不过因为 PID 控制算法现在成熟，而且已经被应用于很多的范围，结构也十分的简单，现在在电机驱动控制和一些线性运动的系统常常可以看到这一算法。在工业过程中，连续控制系统的理想 PID 控制规律为

$$u(t)=k_{\mathrm{p}}\left[\mathrm{e}(t)+\frac{1}{T_{\mathrm{i}}}\int_{0}^{t} e(t)\mathrm{d}t+T_{\mathrm{d}}\frac{\mathrm{d}e(t)}{\mathrm{d}t}\right] \tag{4.6}$$

式中，k_{p}是比例系数、T_{i}是积分时间常数、T_{d}是微分时间常数。

硬件部分，二轮平衡车的平衡控制主要取决于车轮的重心控制，即对与车轮直接相连的驱动电机的控制。所以实际上只需完成采集数据后，对驱动电机电压采取相应控制即可。这样就可以控制二轮平衡车的平衡和运行两方面。

考虑到不可避免的外界因素，I 控制容易因此产生很多误差，对最后的平衡容易产生较大的影响。也可以采用没有 I 的 PD 控制，平衡小车直立部分使用 PD 控制，即同时做到比例控制和微分控制，这样可以让二轮平衡车应付多种情况，即便是紧急需要快速反应也能从容解决。

$$u(t)=k_{\mathrm{p}}\left[\mathrm{e}(t)+T_{\mathrm{d}}\frac{d\mathrm{e}(t)}{\mathrm{d}t}\right] \tag{4.7}$$

这部分的控制函数，主要的参数变量为：角度、角速度、PWM。

软件部分，只需要输入二轮平衡车的俯仰角和对应的角速度就可以靠这组数据进行 PD 计算，从而计算出偏差值。然后转化为控制平衡所需的 PWM 信号来控制驱动电机的电压，改变它们的转动参数，对整个二轮平衡车进行平衡的控制，这便完成了直立环的控制。PD 控制通过改变左右车轮 PWM 的占空比，从而完成二轮平衡车的转向控制。

$$u(t)=k_{\mathrm{p}}\left[\mathrm{e}(t)+\frac{1}{T_{\mathrm{i}}}\int_{0}^{t}\mathrm{e}(t)\mathrm{d}t\right] \tag{4.8}$$

小车的速度部分采用 PI 控制。既有比例控制，同时还有积分控制，这样可以提高小车整个系统的稳定性。实际上在速度的控制上，往往是采用 PI 控制。速度控制通过预想值和实际输出值的偏差，线性处理了偏差的比例和积分，然后转化为控制小车平衡的 PWM 的占空比，由此实现小车的直立控制。

2. 系统总体设计

系统结构框图如图 4-13 所示。具体如下：

(1) 姿态传感器：用于测量小车的倾斜角度。

(2) 微处理器：用于读取处理各传感器数据，读取处理按键数值，驱动各控制模块，驱动显示器。

(3) 按键：用于设置阈值等参数。

(4) 显示器：显示姿态测量结果，控制阈值范围，各控制模块工作状态等。

(5) 遥控接收：接收控制指令。

(6) 电机驱动：控制小车前进，后退或转弯。

(7) 编码器：用于测量小车运行的距离和速度。

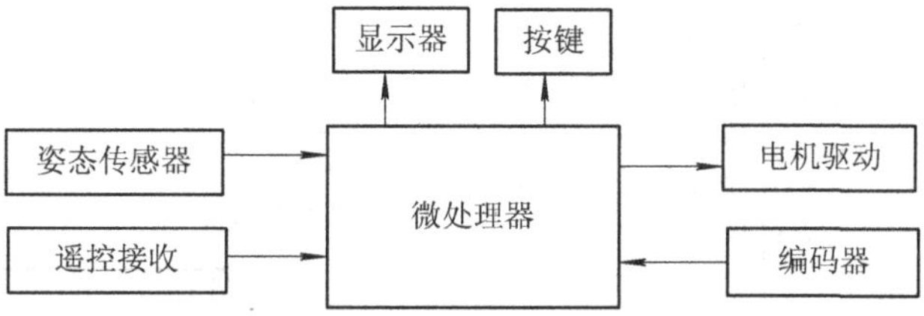

图 4-13　二轮平衡车系统结构框图

3. 系统硬件设计(各模块设计)

1) 主控模块

系统使用的主控芯片为 STM32F106C8T6，具有实用性强、功耗低、实时性强、价格实惠等优点，其工作频率较高、有较多的中断、丰富的外设接口也便于接收并处理姿态检测模块所传输来的数据，同时拥有强大的控制能力和驱动力，还可以让 PWM 的波形不出现波动，其晶振频率为 8 MHz。为了使输出的波形能够稳定，还接入了两个 10PF 滤波电容。并通过 9 倍频的增幅，工作频率达到 72 MHz。

2) 供电设计

系统使用 7.4 V 的航模电池供电。该电池是一种稳定的、高聚能电池，具有体型小巧、电池容量大等特点，采用降压芯片 LM2596 和 AMS117 获得各模块需要的电压。平衡车系统不同的模块所需的供电电压会有所不同，如电机 25GA20E260 需要提供 7.4 V 的电压，蓝牙模块及驱动模块 TB6612 需要提供 5 V 的电压，主控模块的 STM32F103C8T6 芯片和姿态检测模块需要提供 3.3 V 的电压。

3) 驱动电路

单片机 I/O 的带负载能力较弱，选用的减速电机的额定电流远大于单片机 I/O 的输出电流。为了更好地控制和调试，所以使用 TB6612FNG 电机驱动器件。它能够很好地控制和保护电机，具有控制简单、调速快捷、集成度高、驱动能力强悍、运行速度快、效率高、性价比高等优势。可以做到双通道电路输出，同时驱动 2 个电机。相比常见的 L298N、TB6612 体积更小，通过单片机 I/O 口输出 PWM 信号，通过改变 PWM 波的占空比，来调控电机的转速。其原理图如图 4-14 所示。

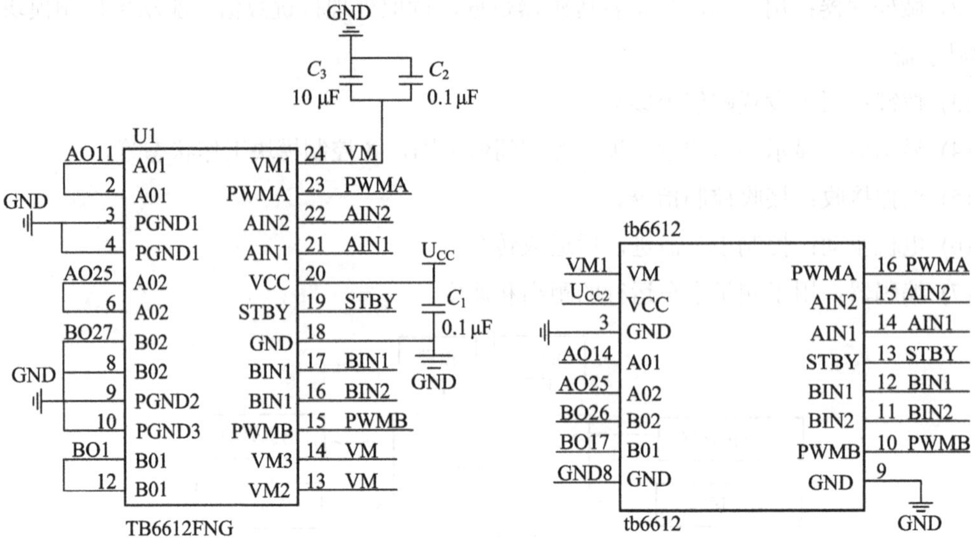

图 4-14　TB6612FNG 原理图

4) 姿态检测模块

整个二轮平衡车系统中最重要的传感器是 MPU6050 六轴传感器芯片，它是一款高性能三轴加速度+三轴陀螺仪的六轴传感器模块，并可利用自带的数字运动处理器(Digital Motion Processor，DMP)硬件加速引擎，通过主 IIC 接口，向应用端输出姿态解算后的数据，从而检测获得小车当前的姿态数据。该模块具有体积小、自带 DMP、自带温度传感器、支持 IIC 从机地址设置和中断、兼容 3.3 V/5 V 系统、使用方便等特点。MPU6050 应用原理图如图 4-15 所示。

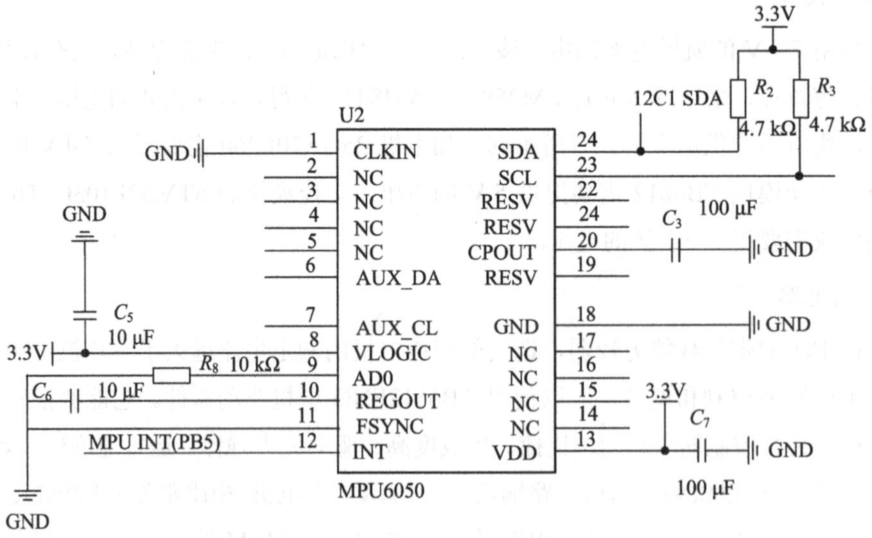

图 4-15　MPU6050 应用原理图

5) 通信模块

对比红外、WiFi 的方式，最终选择蓝牙模块实现二轮平衡车的遥控功能。蓝牙模块采用 zs-040 模块芯片，通过串口实现与主控 STM32F103C8T6 芯片的通信。通过蓝牙模块，实现平衡车与手机 APP 之间的通信，可以把平衡车的数据实时发送至手机 App，从而方便直观地观测平衡车当前的姿态倾角、左右车轮的运行速度等数据。另外增加了遥控功能，利用手机 App 遥控小车直行、倒车、转向等。

6) 显示模块

显示模块采用 OLED 显示屏，其主要技术特点有：厚度薄、成本低、驱动电压小、抗震性能好、使用温度范围广、不需背光源、视角广、瓜速率快等。通过 stm32 的 2 个 IO 端口来驱动 OLED 显示屏，从而完成对小车部分参数的显示操作。

7) 电机速度测量模块

电机速度测量模块采用龙邱 mini 编码器，电源电压一般为 3.3 V 或 5 V。它的输出有两种信号，其中一种是辨别电机的方向的信号，输出为高电平或低电平；另一种是产生脉冲信号，表示编码器转动的匝数。

4. 系统软件设计

系统工作过程可以通过软件流程图来描述，软件流程如图 4-16 所示。

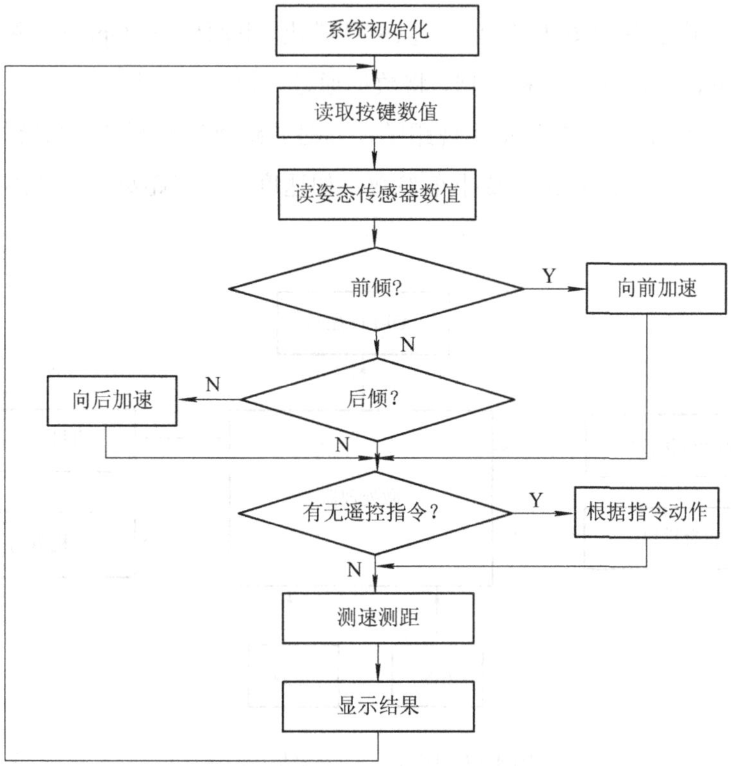

图 4-16　二轮平衡车主程序流程图

系统初始化(微处理器配置各 I/O 口，读取各初始参数)后，读取按键数值，获取各参数阈值(如平衡角度)，然后读取姿态传感器数据，依次判断小车有无失去平衡，如果前倾，则控制小车向前加速；如果后倾，则控制小车向后加速。检测有无遥控指令，如果有，则控制小车按指令动作，测量小车速度和距离，最后显示结果，返回读取按键值步骤，以此循环。

4.3　跟踪小车实验

4.3.1　实验目标

以单片机与 Openmv 为基础，以小车为载体实现，设计一种自动跟随系统，要求当人前进后退，拐弯时小车能够自动跟随人。

拓展部分：使用不同传感器(如红外、超声测量等)实现，或者增加其他功能(如定位)。

4.3.2　参考方案

1. 系统总体设计

系统总体结构框图如图 4-17 所示，以驱动模块、电源模块、Openmv 视觉模块为主。首先通过 Openmv 获取跟随目标数据，将数据通过串口送至单片机进行分析。这里主要运用 PID 控制算法控制小车移动实现跟随，同时若距离过远则开启报警模块，提醒跟丢。在启动前还可以通过按键改变小车参数，如速度、报警距离等，并通过 OLED 显示出来。

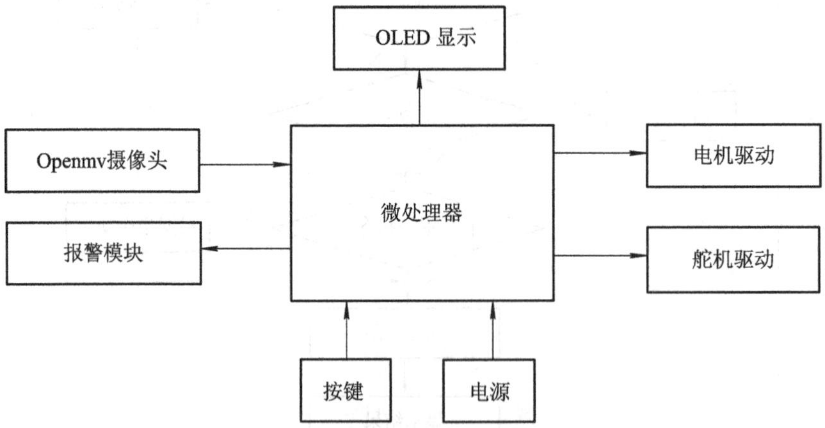

图 4-17　跟踪小车总体结构框图

2. 硬件电路设计

1) 主控模板设计

系统采用的单片机型号为 MK60DN512VLQ10，主要用于按键调参并在 OLED 显示，用 PID 算法对 Openmv 采集的数据进行计算分析，执行判断处理，最后实现自动跟随功能。

2) Openmv 模块

Openmv 实物图如图 4-18 所示。主控芯片使用 NXP i.MX RT1062、600MHz Cortex-M7、1MB RAM、4MB Flash。感光芯片使用 OmniVision OV7725，这是一款快速 CMOS 感光芯片，最高分辨率 VGA(640 × 480)。集成了 Micropython 运行环境，包括编译器、装载器和虚拟机。使用开发效率极高的 Python 语言做应用程序的二次开发。

图 4-18　Openmv 实物图

3) 电机驱动模块

对于电机驱动电路，可有多种选择，如专用电机驱动芯片 MC33886、L298N 等，但是以上芯片集成度高，导通内阻大瞬间电流小，驱动效果差。因此选择使用 2104 搭建 H 桥来达到期望的性能。

4) 舵机驱动模块

为了系统稳定性和延长舵机寿命，给该舵机提供 6.0 V 的电压。采用 TPS565201 降压稳压器(输入级直接是电池电压)，TPS565201 足够提供舵机的供电，还能有较大电流的容量。舵机的控制除了需要 6.0 V 的供电电压还需要一路 PWM 控制信号，以 5 ms 为周期，不同的占空比会使舵机稳定在不同的角度上，具体关系如图 4-19 所示。

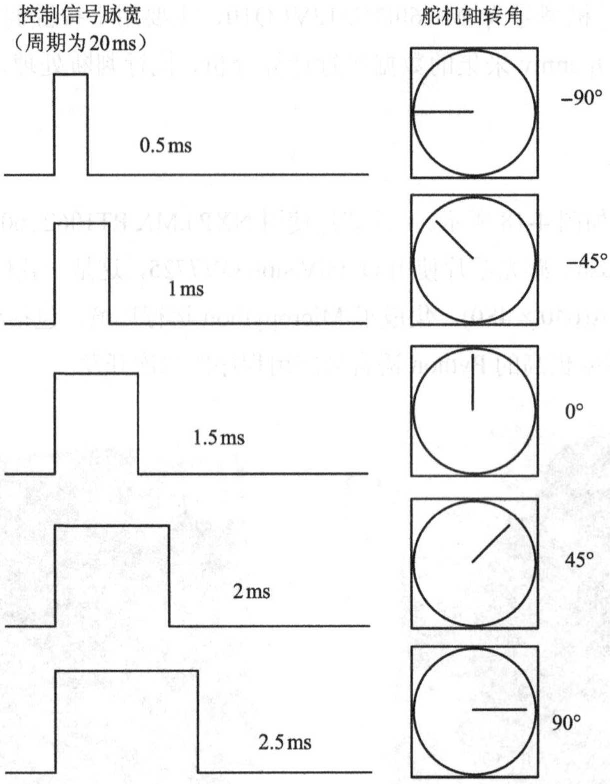

图 4-19 舵机轴转角与控制信号脉宽的关系

5) 电源模块设计

系统要稳定工作，首先要稳定电源。系统中有多路电源，如 7.8 V、±5 V、3.3 V 等。7.8 V 电池电压直接接到电机驱动模块，±5 V 为单片机提供，3.3 V 为液晶供电。电源部分电路设计简单方便，同时也充分发挥了稳压器保护电路的作用。

6) 液晶按键电路设计

良好地人机交互可以减少调试的时间，能够大大提高调试的效率。显示模块采用 OLED 屏，所占空间小，显示非常清晰，而且功耗非常的低，可以与单片机系统使用同一路电源。按键模块为了节省 PCB 空间且调试方便，使用了一个五项开关和两个独立按键。

3. 系统软件设计

1) Openmv 视觉模块编程

引导小车是通过识别小车上的 Apriltag 标签来实现。Apriltag 标签是类似于二维码的东西，与颜色识别相比更能精确定位、识别，受外界光线影响小。Apriltag 标签如图 4-20 所示。

图 4-20　Apriltag 标签

Openmv 拍摄一张图片并保存起来，接下来在这张图片中寻找 Apriltag 标签，这一过程通过函数 find_apriltags()实现。它会以列表形式返回 Apriltag 标签的长、宽、中心坐标等信息。然后通过 if else 语句来判断是否寻找到，如果 find_apriltags()返回的列表有信息就表示找到，否则表示无。若找到，则再次调用 find_apriltags()，用 for 语句循环读取信息，其中只需读取标签的中心横坐标与长度。长度是用来计算距离的，这里计算距离用了比例关系，即物体与摄像头越远，摄像头中拍摄到的物体大小越小，因此距离与物体大小成反比关系。如先将 Apriltag 标签固定在离摄像头 10 cm 处，记录此时 Openmv 中物体的长度(用长度来代表大小)。然后距离与长度相乘就得到 k 值，所以算距离就用函数 k/tag.w()，其中 tag.w()就是标签的长度。最后通过串口将得到的中心横坐标与距离发送给 MCU。若没找到，则串口发送 200。因为 Openmv 像素是 160 × 120(程序中可以设定其他像素)，如果找到标签的中心横坐标范围在[0, 159]，所以没找到时，只要发送比 159 大的数字即可，但必须小于 255，因为只能发送一个字节。

2) 单片机接收、处理

单片机接收到横坐标 cx 且 cx 不等于 200 时，再接收距离 d。d 与设定的最远距离 far_distance 进行比较，如果大于则开启蜂鸣器，小于则关闭蜂鸣器。

本程序中最核心的部分是如何通过横坐标 cx 来控制舵机打角。使用 PID 控制算法，在 PID 控制算法中要明确设定值与实际值，然后计算出偏差 err = 设定值 − 实际值，式中 err 用来得出补偿量，即实际值加上补偿量就会接近设定值。补偿量计算方式有多种，比如位置式、增量式等。这里采用位置式为

$$\text{pid\_return} = K_\text{p} \times \text{errP} + K_\text{i} \times \text{errI} + K_\text{d} \times \text{errD} \tag{4.9}$$

式中，errP = err、errI = err、errD = err − err_last，err_last 表示上一次误差。由于 errI 是误差的累加，为了防止溢出一般需要限幅，这里不用 I 项，采用位置式 PD。

本程序中，设定值就是 Openmv 屏幕中心横坐标，由于像素是 160 × 120，所以屏幕中心横坐标为 80，则偏差 err = 80 − cx，然后用位置式 PD 算出补偿量 increment = K_p × err + K_d × (err − err_last)，最后 err_last = err。

在控制舵机之前还需测出舵机打角的范围，即 pwm 占空比范围。实测舵机的范围是[680，840]，即 680 对应舵机往右打的最大幅度，840 对应舵机往左打的最大幅度，而舵机

不打角，即处于中间位置时的占空比是 755，记为 steer_mid。pwm 精度是 10000，也就是说转化为占空比范围是[6.8%，8.4%]。知道舵机中值 steer_mid 与补偿量 increment，就可以知道舵机实际打角需要的占空比 steer=steer_mid+increment。为便于理解，可以假设 cx＞80，也就是说标签在 Openmv 的右侧，而此时 err＜0，从而可知补偿量 increment＜0，则 steer＜steer_mid，一旦 steer＜steer_mid 舵机就会往右打，这样就实现了跟随。

最后为了防止打角过于灵敏，或者打角很迟钝(比如说标签稍微偏离屏幕中心，舵机就打满了，或者标签离屏幕中心很远但是打角就打了一点点)，可以调节 PD 参数——K_p、K_d。当打角过于灵敏时减小，反之增大。

3) 程序流程设计

自动跟随小车程序流程图如图 4-21 所示。按键调节参数(如 PD 参数、速度等)后，启动小车。此时先由 Openmv 获取目标的中心坐标与距离，通过串口将两种信息传送给单片机。单片机根据中心坐标，运用 PID 算法控制舵机转向，电机由按键调节的速度参数赋予固定的占空比，从而实现自动跟随。与此同时，单片机将会从串口获取的距离与程序中设定的最大跟随距离进行比较，如果距离过大，蜂鸣器报警，提醒人小车跟丢。

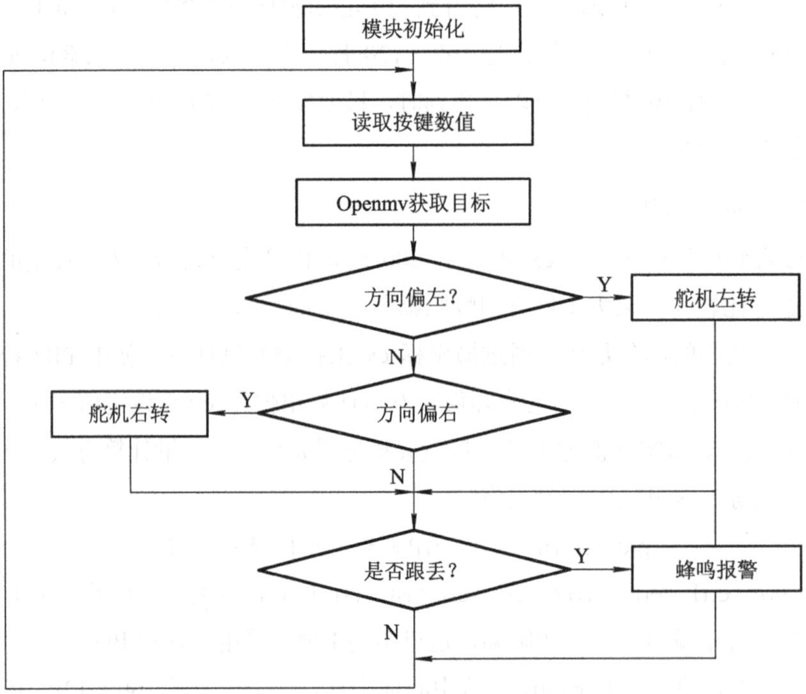

图 4-21　自动跟随小车程序流程图

第 5 章　人体健康系列创新实验

随着社会经济水平的飞速发展，人们的生活品质有了明显提升，对身体健康以及与身体健康相关的各项指标更加重视，对精度高、智能化、便于测量的生理信号测量仪器的需求也与日俱增。

本章所给系列实验涉及的专业知识包括各类生理参数检测传感器技术、数据处理算法等知识。

与人体健康相关的参数一般有心率、血糖、血压、肺活量、运动步数等，该系列对应的各种测量实验如图 5-1 所示。其中：

(1) 心率及血氧浓度测量实验：监测人体的血氧度，并提供阈值预警。

(2) 肺活量测量实验：测量和显示人体肺活量。

(3) 血压测量实验：测量和显示人体血压。

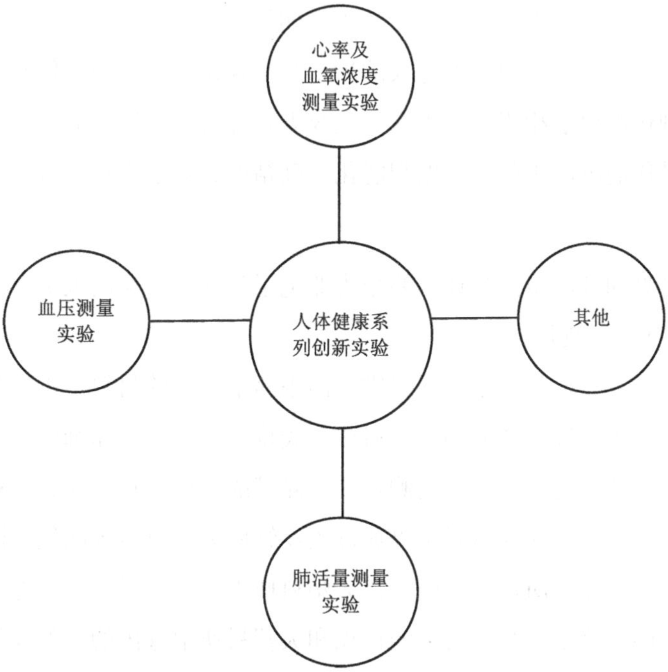

图 5-1　人体健康系列创新实验

5.1　肺活量测量实验

5.1.1　实验目标

测量肺活量的大小，并且在液晶显示器上显示测量数值。主要技术指标为：

(1) 显示量程范围：1～9999 ml。

(2) 最小分显示值：1 ml。

(3) 精度：2%。

拓展部分：增加其他功能，如报警、无线传输等。

5.1.2　参考方案

1. 背景知识

1) 肺活量

肺活量指的是测试者用全力吸入气体，而后再用全力将气体呼出的最大气体体积，是人体的一个重要生理参数，对人体肺部健康有着一定的指导意义。肺活量的大小从某些方面反映了人体呼吸能力的强弱，也在一定程度上反映了人体的健康情况。人类处于壮年时期的肺活量最大，而当人类处在老年或者幼年时期肺活量较小。

肺活量对于人们的身体健康有着重大的指示和引导作用，因而人们对更加便捷精确的肺活量测量计的制作提出了相当高的需求。在今天各种技术飞速发展的时代，肺活量测量计的设计也紧跟时代需求，正朝着高度智能化、高精度、易于携带等方向发展。

2) 肺活量测量计

目前市场上可见的肺活量测量计主要分为非电子类和电子类两大类。

(1) 非电子类肺活量测量计。

非电子类肺活量测量计使用了一些日常生活中易于获得的材料，不需要使用电子元器件。如图 5-2 所示，可以选用透明的大塑料瓶和胶皮管等材料制作肺活量测量计。其主要原理是：采用“排水法”进行肺活量的测量。在测试的时候，首先在大塑料瓶中加满水，然后将它倒立在水槽中，这时测试者可以通过胶皮管向大塑料瓶内吹气，因为水的密度大于人体所呼出气体的密度，所以气体就会在大塑料瓶中上升，通过这种方式就会将大塑料瓶中的水排出来，因为测试者呼出气体的体积和大塑料瓶中排出的水的体积相等。即得到了测试者的肺活量的大小。

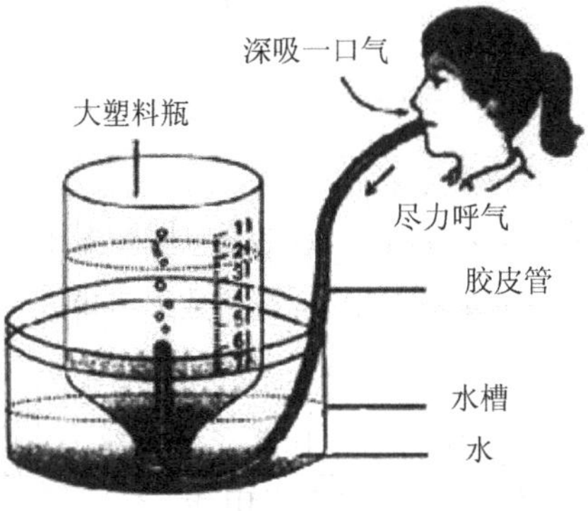

图 5-2 自制肺活量测量计示意图

上述的这种方法可以简单快速地对人体的肺活量进行测量，但是其误差相对较大，精度也相对较低。另外，在测量过程中收集气体的容器必须要通过验漏检查，还应该注意水蒸气在容器壁的冷凝问题，与此同时还需要增加必要的温度补偿用以减小测量误差。

(2) 电子类肺活量测量计。

随着科技的飞速发展，市场上各种电子类肺活量测量计变得越来越多。这类肺活量测量计大都采用了气体压力传感器。其基本原理是测试者呼出的气体经过气体压力传感器，使得气体压力传感器内部膜片的两侧产生了一个压力差，从而输出一个随压力差而变化的电压信号，这样就可以把气体压力信号转化成电信号，然后电信号经过 AD 模数转换器的采样处理之后将数据发送到单片机实施计算和转化，最后将处理所得的肺活量的数值大小发送到液晶屏上显示。采用这种方案，可以将气压传感器与吹气的细管进行连接，该细管事先可以测得它的横截面积(实际测量的过程中并不需要测出细管的横截面积，只需要后期通过调试找到一个接近的 k 值就可以了)，当向胶皮管呼气的时候，根据气体压力和流速的线性比例关系，就能够获得每个时间点所对应的气体流速，另外还能获得每次测试的时间，通过气体流速对时间求积分的方式计算出气体的总流量，最后再将数据由单片机传送到液晶显示模块进行读数，这样就完成了整个肺活量测量系统的设计。

测量肺活量时，测试者向细管内吹气，可以获得的物理量有测试细管的横截面积 S，每个时刻传感器所输出的电压值 U 以及测试开始时间 t_1 和测试结束时间 t_2，这样可以求得整个测试过程所用的时间 t，根据流体力学的知识可以知道，气体的流量 Q 可以通过气体速度 v 对测量时间 t 求积分而求得：

$$Q = S\int_{t_2}^{t_1} v\,\mathrm{d}t \tag{5.1}$$

式中，每个时刻的气体的流速 v 与每个时刻的气体压强 P 有一定的关系，即 $v \propto \sqrt{P}$，因此可以将式(5.1)改写为

$$Q = k\int_{t_2}^{t_1}\sqrt{P}\,\mathrm{d}t \tag{5.2}$$

由式(5.2)可见，通过后期的调试达到一个合适 k 值，就可以得到整个测试时间段内气体的流量 Q，即可知测试者肺活量的大小。

式(5.2)中的测试时间通过单片机定时/计数器测得；横截面积 S 其实可以不用通过测量细管内径来计算获得，后期只需要将它代入到系数 k 中即可；每个时刻的压强 P 与每个时刻传感器输出的电压之间的关系可表示为

$$P = \frac{\text{各时刻电压值}}{\text{传感器最大输出电压}} \times \text{传感器的最大压强} \tag{5.3}$$

2. 系统总体设计

肺活量测量系统总体结构框图如图 5-3 所示。该系统包含了气体压力传感器模块、AD7705 模数转换器、单片机系统、液晶显示器模块以及按键控制模块共五部分。

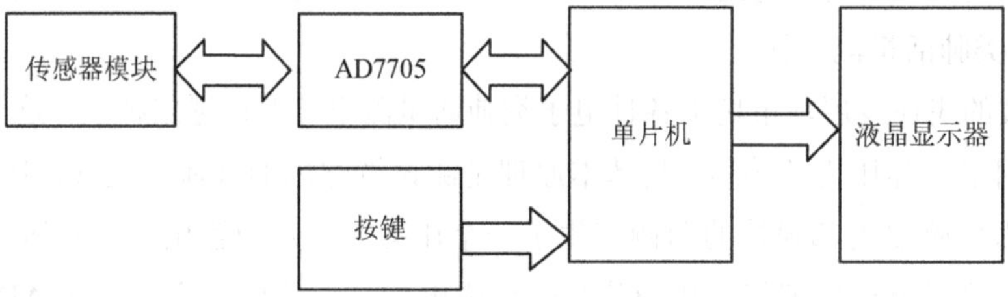

图 5-3 系统总体结构框图

3. 系统硬件设计

1) 单片机芯片

系统选择较为常用的 STC89C51 单片机，成本很低。STC89C51 单片机是一个简单并且很小的计算机系统，其内部拥有一个 4 kB 的 Flash ROM。STC89C51 的其他基本功能以及组成：它可以支持 51 系统；时钟频率为 0～35 MHz；包含了四个 8 位 I/O 口；与此同时它是 8 位中央处理器，具有系统可编程特性；还有两个 16 位的定时/计数器。

2) AD7705 16 位模数转换器

STC89C51 单片机没有内置 AD 模块，不能对电压信号进行 AD 采样，所以需要增加一个 AD 转换模块 AD7705，这是一个 16 位差分输入串行 AD，位数比较多，所以其分辨率很高，因而特别适用于精密检测或者低频测量的场合中，通常可以与各类的传感器、采集电路连接使用。

AD7705 芯片不仅具有滤波功能，还有精确的模数转换功能，具有很高的分辨力，价格低廉，使用范围比较广泛。另外，它所具有的 COMS 结构可以确保器件具有低功耗的特点，这样在发生功率损耗的情况下，可以将等待的功耗降低到 20 μW，而且对于使用者而

言，还可以在串口功能的帮助下对片上存储器进行访问。芯片内部连接有缓冲放大器，可以直接连接到放大器，它的增益最大可以达到 128 倍。

3) 气体压力传感器

系统选择 MPX2010DP 传感器，其内部结构如图 5-4 所示。这种压阻式硅压力传感器可输出与所施加的压力成正比的线性电压，并且这些传感器都是由单个的硅芯片和应变片还有薄膜电阻网络所集成的。该传感器精度较高，有温度补偿功能。

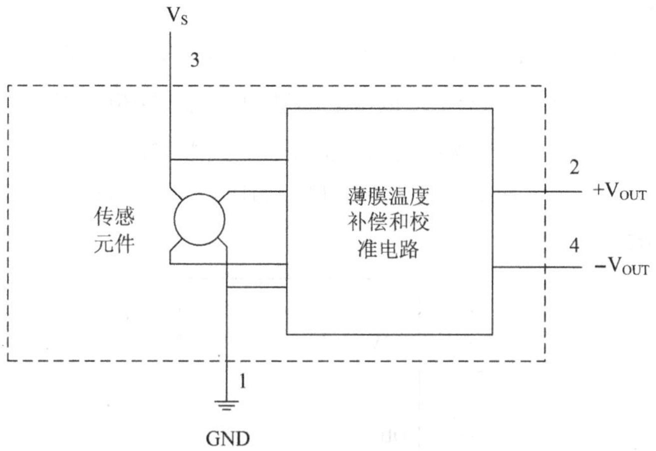

图 5-4　MPX2010DP 内部结构图

图 5-5 所示为气体压力传感器的工作原理。当外界施加正向压力时，密封腔体的内部和外部的压力之间就会形成压力差，从而导致膜片向内部的偏移，位于膜片上的压阻式应变片电阻检测到膜片由于受到机械应力而形成的偏移，产生电压差。通常来讲，当 $P_1 > P_2$ 时输出正电压，可以对该电压信号进行采样和处理。一般情况下，MPX2010DP 压力传感器的放大增益大约是 420，能够将输入的气体压力信号转化为输出为 0～5 V 的电信号，然后经过 AD 的采集，将采样信号传递到单片机进行运算转化。通过这种方式，它的精确度可以达到 1 ml，误差在 0.2%左右。

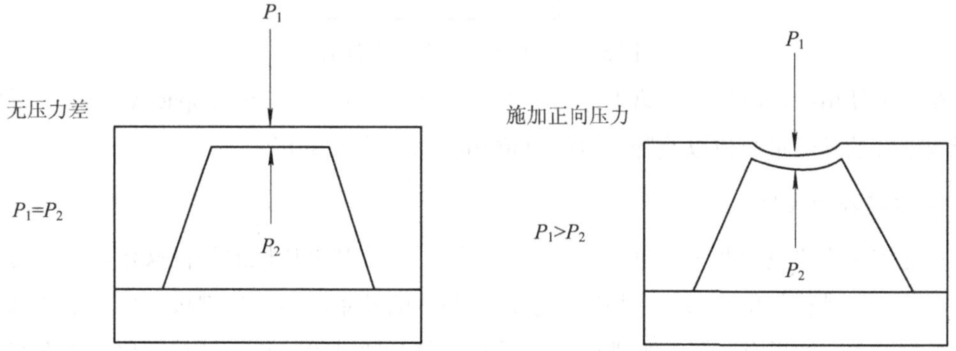

图 5-5　气体压力传感器工作原理图

这种气体压力传感器目前还存在有一定的缺点，因为它的四个电桥之间的电阻不是完全匹配的，所以会造成一定的测量误差，并且它的零点漂移也比较大，不容易调整，但是在实际使用过程之中，这种气体压力传感器的精度基本能够满足需求。

实际连接时，引脚 1 连接地，引脚 3 接 +12 V 供电电源，引脚 2 和引脚 4 分别连接差分正输出和差分负输出。这样就可以通过气体压力传感器将气体压力信号转化为电压信号，然后传送到 AD7705 模数转换器用于采样操作。

4) 液晶显示模块

显示模块选择了 LCD1602 液晶屏。它总共有 16 个引脚，其引脚如图 5-6 所示。V_{SS}(1)接地，V_{DD}(2)接 5 V 正电源，V0(3)用于调整液晶屏的亮度，DB0～DB7 为数据引脚，RS、R/W、E 为控制读写引脚。这是一款常用的液晶模块，能够输出 2 行 16 个英文字母、符号和数字。LCD1602 的优势有：在输出数字和字母方面比较简便、容易驱动操控、成本很低、显示的字符比较清晰。

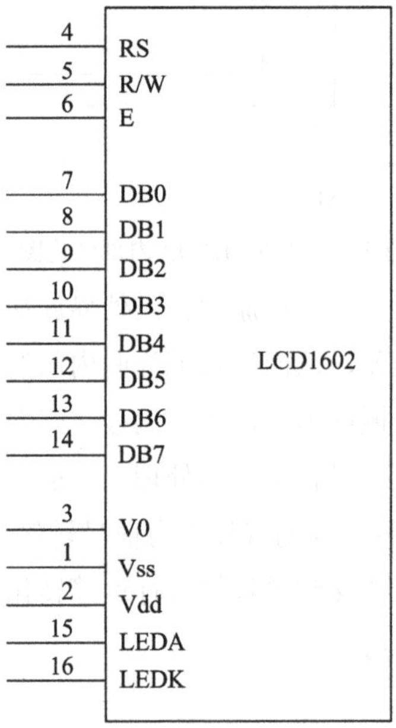

图 5-6　LCD1602 液晶屏引脚图

在实际使用中，液晶屏的第 1 行用于输出肺活量的英文“Vital Capacity”，第 2 行用于显示测试者的肺活量数值以及肺活量的单位 ml，如“3542 ml”。

5) 按键控制模块

按键控制模块设置两个按键，其中一个按键用于控制单片机的复位操作，按下这个按键，则单片机进行复位；另一个按键用于控制测试的开始，当该按键按下后，单片机会检测是否有输入。如果有输入，则进行 A/D 采样，然后通过单片机的计算转化，进而在液晶屏显示数值大小，这样就完成了一次完整的测试。当再次按下按键时，液晶屏将进行清屏操作，并且单片机再次检测是否有输入，进行下一次的测试。

4. 系统软件设计

软件部分主要是各部分硬件电路的驱动程序，主要实现 STC89C51 单片机对压力传感器输出电压的 A/D 采样、液晶显示器驱动和按键部分驱动等功能。

软件部分实现功能的程序流程图如图 5-7 所示。具体流程为：整个电路通电打开后系统进行初始化操作，液晶显示屏供电点亮，此时如果按下按键，A/D 模块进行检测是否有输入，如果有则进行 A/D 采样；如果没有则继续检测，直到检测到输入，并持续检测到输入结束，然后进行 A/D 采样。采样完成后将信号送到单片机用于计算转化，之后将数值发到液晶屏上进行读数显示。

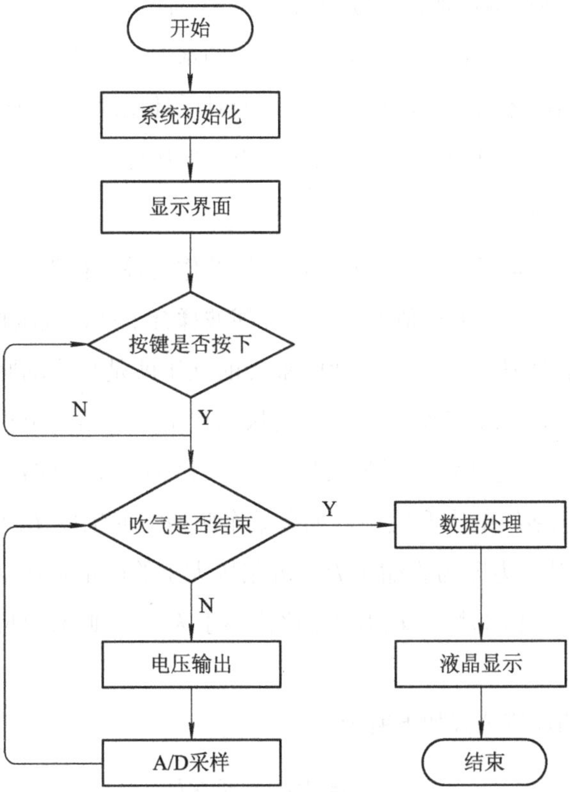

图 5-7 程序流程图

5.2 血压测量实验

5.2.1 实验目标

设计一款便携式、精度较高、能提供日常家用且有示警功能的血压测量系统，主要技术指标为：

(1) 测量范围：0～200 mmHg；

(2) 精度：±5 mmHg。

拓展部分：增加其他功能，如语音提醒、记录分析测试结果、给出保养建议等。

5.2.2 参考方案

1. 背景知识

血压是衡量身体健康状况的一项重要生理指标，适宜的血压也是维持人体正常新陈代谢的一个必要条件。医学中常用收缩压和舒张压两个参数来表征血压的高低，血压过高和过低都会给身体健康带来不利影响，因此血压的监测对防病治病具有重要意义。测量血压的工具叫血压计，传统的血压计大多是基于听诊法的水银血压计，这种血压计具有操作比较复杂，测量精度不高，环保性差，重复性差，而且受环境因素影响较大等缺点。随着科技的发展，出现了利用现代电子技术开发的智能电子血压计。

2. 示波法测量血压原理

示波法又叫振荡法，是通过检测心脏送出血流的作用叠加袖带压力产生压力振荡波，即脉搏波的振幅变化包络得到血压值的方法。脉搏波糅合了袖带气压直流分量和振荡波交流分量。当脉搏波的振幅达到最大时，此时袖带的气压就是平均动脉压。脉搏波振幅包络线的第一个拐点对应动脉的收缩压，脉搏波振幅包络线的第二个拐点对应于舒张压。收缩压和舒张压数值的确定通常采用最大振幅法(又称幅度系数法)。袖带逐渐排气过程中，即脉搏波振幅度包络线的上升段中，如果某个脉搏波的幅度 U_i 与 U_m 比值大于或等于 K_S 时，则对应的袖带压力即为收缩压 P_S。舒张压大小的确定是在脉搏波振幅包络线的下降段中，如果一个脉搏波的幅度 U_i 与 U_m 比值小于 K_d 时，此时对应的袖带压力便定义为舒张压 P_d。

收缩压和舒张压的计算公式如下所示。

$$P_s = P \mid U_i = K_s \times U_m \tag{5.4}$$

$$P_d = P \mid U_i = K_s \times U_m \tag{5.5}$$

测量血压过程中，检测采集脉搏波。先要找到脉搏波交流分量最大振幅值 A_{max} 处，往前找到幅值为 $K_S \times A_{max}$ 的瞬态位置处，此位置所对应的血压直流分量为收缩压，再往后找到幅值为 $K_d \times A_{max}$ 的瞬态位置处，此位置所对应的血压直流分量为舒张压，其中 K_S 和 K_d 为实际过程中在一定范围内变化的经验常数值，通常取 K_S 为 0.5，K_d 为 0.8 近似计算。血压检测信号及收缩压和舒张压位置如图 5-8 所示。

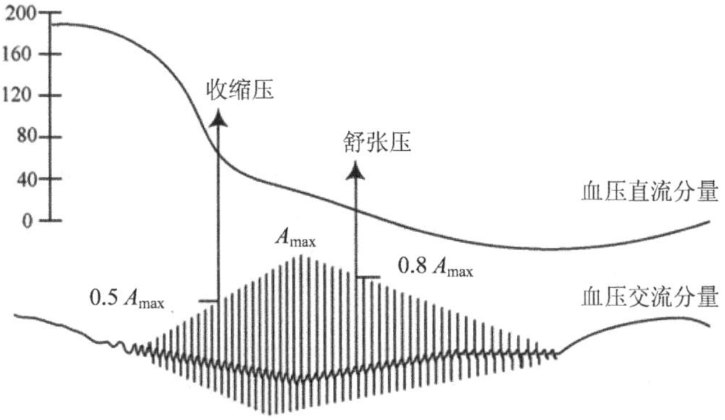

图 5-8　血压检测信号及收缩压和舒张压位置

3. 系统硬件设计

基于示波法的电子血压计的总体结构分为：电源供电模块、按键模块、气泵模块、压力传感器模块、A/D 模数转换模块、单片机系统模块、LCD 显示模块以及报警提示模块，图 5-9 所示为电子血压计系统总体结构框图。

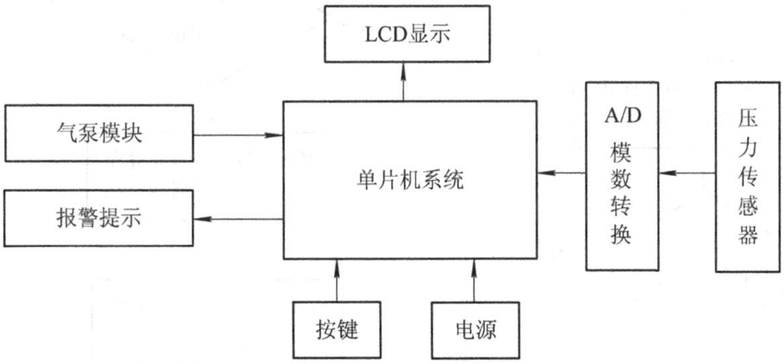

图 5-9　电子血压计系统总体结构框图

图中电源供电模块为各个需要供电的部分提供电源；按键模块相当是整个电系统工作的控制开关；气泵模块为测量血压提供机械应力条件，向袖带充气和排气；压力传感器模块将脉搏血压信号转换为电信号；A/D 模数转换模块将压力传感器采集到的信号数据转换为数字电信号；单片机系统模块是整个系统设计的核心，将 A/D 采样的数字信号控制处理，并通过软件设计的算法计算出收缩压和舒张压；LCD 液晶显示模块将单片机处理后的血压信息显示出来；报警提示模块用于测量完成后的提示功能。

整个工作流程为：电子血压计气泵在充气和排气的过程中，袖带内部产生压力，在一定压力条件下，该袖带气压同步叠加血压产生血压振荡信号，即脉搏波。压力传感器感应、采集到血压振荡信号，该信号经过差分放大、滤波电路以及模数转换模块的 A/D 采样后转换为数字血压信号，单片机相应的 I/O 口检测到血压电平信号，在软件程序的控制处理下，计算出相应的收缩压和舒张压，最后经 LCD1602 液晶显示模块显示出来，达到测量血压的目的。

4. 系统软件设计

电子血压计系统软件设计部分包括控制按键扫描子程序(检测袖带气压)，信号处理子程序(通过脉搏波计算收缩压和舒张压)，液晶显示和报警提示子程序(LCD 显示血压信息并报警提示血压测量完成)，软件设计流程图如图 5-10 所示。

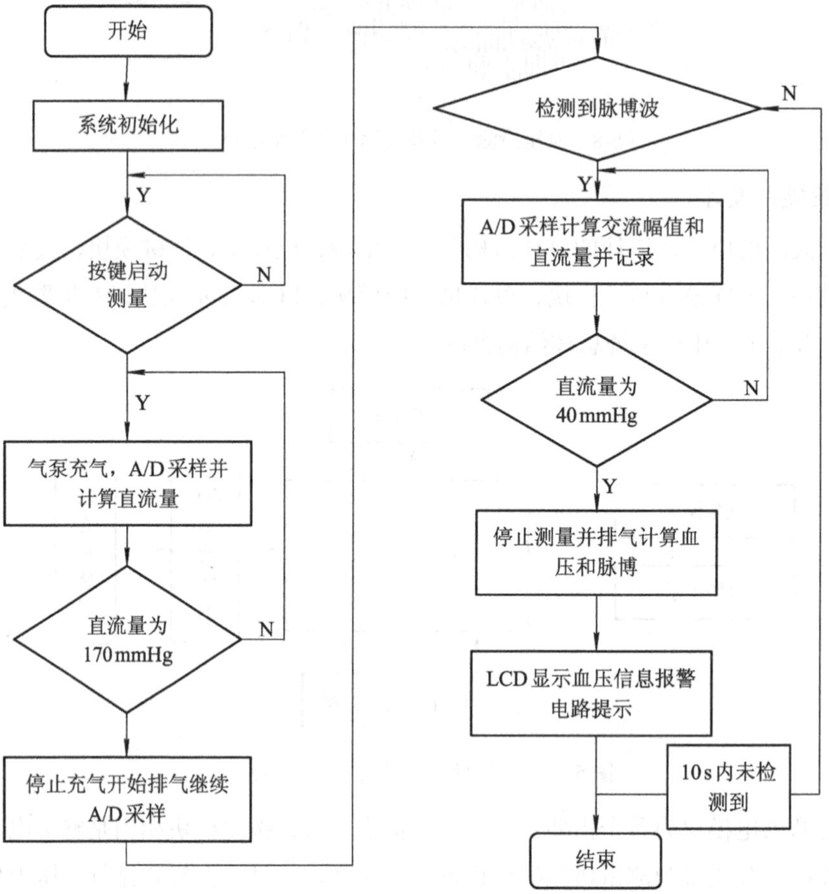

图 5-10　电子血压计系统软件设计流程图

系统软件工作的流程是：当系统通电后，单片机 I/O 口初始化，液晶屏初始化。启动按键开始测量，气泵开始向袖带充气，A/D 开始采样并计算出此时的直流量即袖带压，当袖带气压达到一定数值(如 170 mmHg)，气泵开始停止对袖带充气并匀速排气，A/D 采样继续，当检测到脉搏波后开始处理脉搏波计算出舒张压和收缩压数值(在一定时间，如 10 s 没有检测到脉搏波，则测量失败停止测量)，并可以根据一个完整脉搏波的时间周期计算出一分钟脉搏波的个数即脉搏(也称心率)，然后在 LCD 液晶屏上显示血压信息，蜂鸣器报警提示电路提示血压测量完成，可以摘下袖带。

5.3　心率及血氧浓度测量实验

5.3.1　实验目标

设计一款便携式心率及血氧浓度测量系统，能实时采集人体心率和血氧浓度参数并显示。主要技术指标为：

(1) 测量精度：测量误差≤4 次/分钟；

(2) 测量范围：10 至 160 次/分钟。

拓展部分：增加其他功能，如语音提醒、记录分析测试结果、体温测量、远程监测等。

5.3.2　参考方案

1. 背景知识

传统的脉搏测量方法主要有三种：一是从心电信号中提取；二是从测量血压时压力传感器测到的波动来计算脉率；三是采用光电容积法。前两种方法提取信号都会限制病人的活动，如果长时间使用会增加病人生理和心理上的不舒适感。而光电容积法脉搏测量作为监护测量中最普遍的方法之一，其具有方法简单、佩戴方便、可靠性高等特点。光电容积法的基本原理是利用人体组织在血管搏动时造成透光率不同来进行脉搏和血氧饱和度测量的。其使用的传感器由光源和光电变换器两部分组成，通过绑带或夹子固定在病人的手指、手腕或耳垂上。光源一般采用对动脉血中氧合血红蛋白(HbO_2)和血红蛋白(Hb)有选择性的特定波长的发光二极管(一般选用 660 nm 附近的红光和 900 nm 附近的红外光)。当光束透过人体外周血管时，由于动脉搏动充血容积变化导致这束光的透光率发生改变，此时由光电变换器接收经人体组织反射的光线，转变为电信号并将其放大和输出。由于脉搏是随心脏的搏动而周期性变化的信号，动脉血管容积也周期性变化，因此光电变换器的电信号变化周期就是脉搏频率，血氧浓度则可以通过动脉血中氧合血红蛋白和血红蛋白的值计算出来。

2. 系统总体设计

系统结构框图如图 5-11 所示。具体如下：

(1) 心电传感器：用于检测人体心率及血氧浓度。

(2) 微处理器：用于读取处理心率传感器数据、读取处理按键数值、控制通信模块以及驱动显示器。

(3) 按键：用于设置阈值参数。

(4) 显示器：用于显示心率，血氧浓度等参数。

(5) 通信模块：用于将测量参数与监视界面之间交互数据。

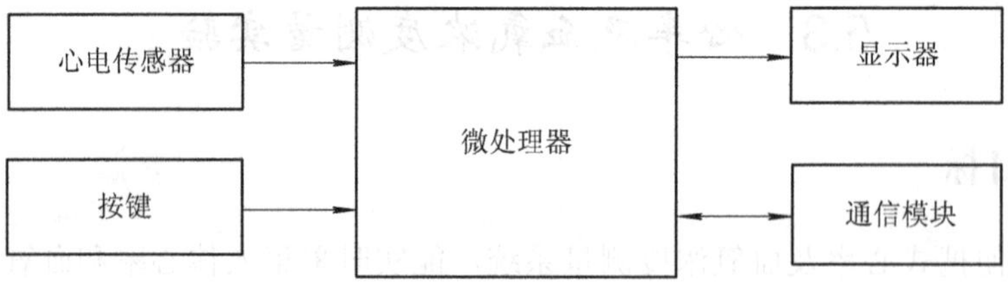

图 5-11 心率及血氧浓度测量系统结构框图

3. 系统硬件设计

1) 关键器件 MAX30102

MAX30102 是一个集成的脉搏血氧仪和心率监测仪生物传感器的模块(芯片)。它集成了一个 660 nm 红光 LED、880 nm 红外光 LED、光电检测器、光器件，以及带环境光抑制的低噪声电子电路。可通过软件关断模块，待机电流为零，实现电源始终维持供电状态，可用于低功耗产品中。MAX30102 采用一个 1.8 V 电源和一个独立的 3.3 V 用于内部 LED 的电源，标准的 I^2C 兼容的通信接口。市面很多都将 MAX30102 芯片集成在一个 PCB 模块上，内部增加一个 1.8 V 和 3.3 V LDO 稳压电路，可对模块单独供 5.0 V 电源，方便开发者进行开发。

MAX30102 内部集成了一整套完整的信号采集电路，包括光信号发射及接收、A/D 转换、环境光干扰消除及数字滤波部分，只将数字接口留给用户。用户只需通过单片机的 IIC 接口，对 MAX30102 内部的寄存器进行读写操作，就可以得到转换后的光强度数值。最后需要通过相应的处理算法计算出心率值和血氧浓度。

2) 心率及血氧浓度计算

MAX30102 里面有一路红光，一路红外光。包括发射和接收电路，发出的光线照射到血管里的血液，反射到接收电路，接收电路能够分别测出红光和红外光的直流和交流值。由于脉搏的波动，反射回来红光和红外光的交流值也随之波动，交流值的周期与脉搏一样，因此测量该交流信号的周期就是脉搏，即可以计算出心率。

血氧浓度计算要复杂一些，可以分为两步：

① 根据测量结果分别算出红光的交流除以红光的直流，即 ACred/DCred，红外的交流除以红外的直流分量，即 ACired/DCired。然后两者再相除得到 R。

$$R=\frac{\dfrac{\mathrm{ACred}}{\mathrm{DCred}}}{\dfrac{\mathrm{ACired}}{\mathrm{DCired}}} \tag{5.6}$$

② 根据 R 可以查表得到血氧浓度(SpO_2)，或可以通过下式计算。

$$SpO_2 = -45.060*R*R + 30.354*R + 94.845 \tag{5.7}$$

3) 接近检测功能

为了优化设备的体验感，要求当手指离开传感器后，能够自动关闭 LED，待手指插入后能自动开启继续采集。这样可以做到省电且减少红外的释放，所以需要自动控制血氧传感器的开启和停止，即接近检测功能。该功能可以由硬件(传感器本身的 Proximity Mode 功能)或者软件(应用程序控制 LED 电流)两种方法实现。其基本原理为：当传感器接收光线低于某一阈值(表示手指离开)时，将灯熄灭，同时降低采样率，这样不仅省电，且能达到减少红外的释放效果；如果有手指插入，且达到启动阈值时，则重新恢复红光/红外电流，进行正常采样。

4. 系统软件设计

如图 5-12 所示，系统初始化(微处理器配置各 I/O 口，读取各初始参数)后，读取按键数值，识别按键功能，然后读取光电传感器数据，判断是否大于 10 次，如果没有，继续再次读取；如果大于 10 次，则计算平均值，得到心率及血氧浓度参数，然后显示出来。

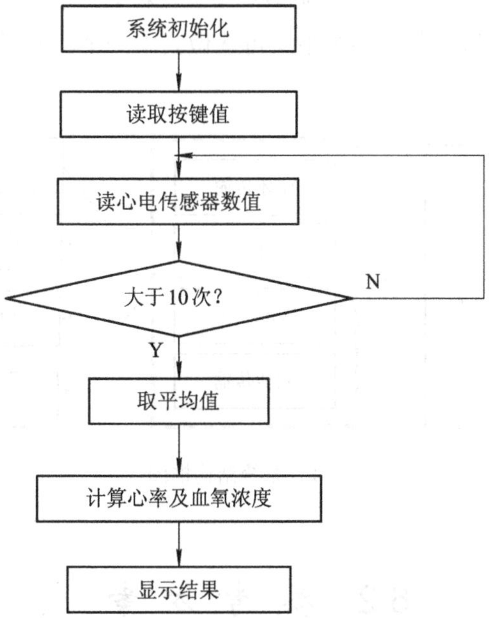

图 5-12　心率及血氧浓度测量系统程序流程图

第6章 音频信号采样、分析、传输及显示实验

6.1 实验目标

本实验应完成音频信号采集，频谱变换，现场 LCD 显示，信息传输，用多种方式显示，如光立方，旋转 LED，点阵屏等。

涉及专业知识：音频信号采集，FFT 变换，无线通信，各种显示技术。

拓展部分：采用方案之外的其他信号源，无线通信技术，显示技术，其他发挥。

系统结构如图 6-1 所示，系统可分为音频信号采集及现场显示，无线数据传输，如光立方、旋转 LED、LED 点阵屏等，各个小组可选做其中一个，也可多组合作完成一个整体项目。

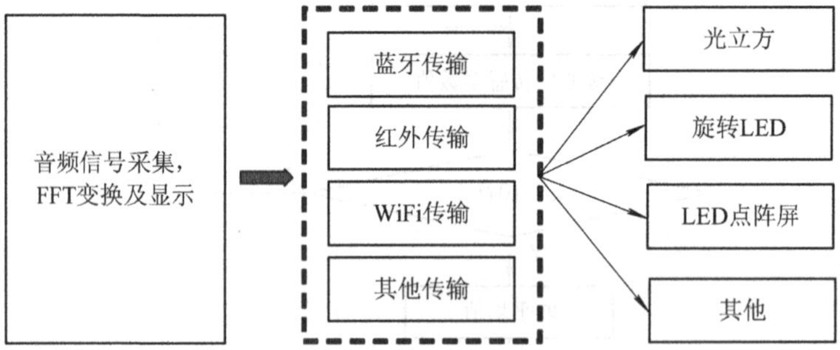

图 6-1 系统结构框图

6.2 参考方案

6.2.1 音频信号采集分析及显示部分

1. 系统总体设计

音频信号采集技术有着非常广泛的应用，如语音录放系统、网络语音通讯、生物医学信号处理等。音频信号数字化处理和显示是其中的重要环节。人耳能听到的频率在 20 Hz～20 kHz 之间，根据采样定理(采样频率要大于信号最大频率的两倍)，因此设定采

样频率为 40 kHz。其总体结构框图如图 6-2 所示，主要包括音频信号采集，微处理器，LCD 显示三个模块。

图 6-2　音频信号采样模块总体结构框图

2. 硬件设计

1) 音频信号采集

电路采用 GY-4466 声音传感器模块，该模块由麦克风，运放及其他辅助器件构成，MAX4466 是微功率运算放大器，经过优化，可用作麦克风前置放大器。该芯片增益稳定性，仅需 24 μA 的电源电流即可提供 200 kHz 的增益带宽。经过解压缩，可实现 +5 V / V 的最小稳定增益，并提供 600 kHz 增益带宽积。此外，这类放大器还具有高 AVOL 以及出色的电源抑制和共模抑制比，适合在嘈杂环境中工作。其广泛应用于蜂窝电话、数字复读装置、耳机、助听器、麦克风前置放大器、便携式计算机。

2) 微处理器选择

该系列处理器属于中低端的 32 位 ARM 微控制器，以 STM32F103 系列单片机作为主控单元，该系列芯片是意法半导体(ST)公司出品，其内核是 Cortex-M3。芯片按片内 Flash 的大小可分为三大类：小容量(16K 和 32K)，中容量(64K 和 128K)，大容量(256K、384K 和 512K)。芯片集成定时器 Timer，CAN，ADC，SPI，I2C，USB，UART 等多种外设功能。使用其内部 A/D 对模拟音频信号采样保持和量化处理，然后用 FFT 算法计算信号频谱，再控制 OLED 显示频谱。

3) 显示模块

有机发光二极管(Organic Light Emitting Diode，OLED)由于同时具备自发光，不需背光源、对比度高、厚度薄、视角广、反应速度快、可用于挠曲性面板、使用温度范围广、构造及制程较简单等优点，被认为是下一代平面显示器的新兴应用技术，其分辨率高(128 × 64)，使用 I^2C 接口，硬件连接简单。

3. 软件设计

软件设计思路：先由音频采集电路得到音频信号；其次送到模数转换器(微处理器内部自带)，使之从模拟信号转换为能被系统识别处理的数字信号；再次由微处理器进行快速傅立叶变换运算，得到音频信号频谱；最后显示出来。

快速傅立叶变换算法(Fast Fourier Transform，FFT)在数字信号技术领域中被普遍使用，常常需要利用它来得到数字信号频谱的相关特征。虽然数字信号的频域特征用离散傅立叶算法(DFT)就能得到，但是该算法消耗时间长，运算速率低，占用很大的存储空间，难以让计算机实现对模数转换后的数字信号实时处理，因此离散傅立叶变换并没有在数字技术领域得以广泛使用。

20 世纪 60 年代，快速离散傅立叶算法首次被发现，因其运算速率的大大提高，所以快速傅立叶变换算法很快就在计算机等工程领域得到广泛应用。FFT 属于傅立叶算法而并非一种新型的频域获取运算方式，是由 DFT 对其规律总结后的一种快速实现运算结果的算法，它可以使时域信号变换为频域信号。时域信号和频域信号的不同点在于频域信号对信号变化展现的图型更容易分析其性质和特点，这也是 FFT 变换广泛应用于信号分析处理领域的重要原因。

一般情况下，N 个采样的信号通过快速傅立叶变换后就能求出相应的 N 个运算结果。根据 FFT 潜在的规律，一般会让 N 取 2 的整数次方幂来使计算更加容易快捷。在运算过程中，最小分辨频率 $f = F_s/N$，其中 F_s 表示 A/D 转换的采样频率，N 值表示傅立叶变换的采样点数。最小分辨频率 f 即为频谱显示频率的最小值，通过 A/D 转换的采样频率除以傅立叶变换的采样点数而得到。快速傅立叶变换还拥有一个非常有用的特性，即对称性。由于其具有对称性，运算时往往只采用前 $N/2$ 个采样值频率的结果，大大减少了运算时间。

显示屏使用的是 OLED12864 屏，分辨率为 128 × 64，在 x 轴方向上显示 64 个点，所以把采样点数设置为 128 个点。因为 FFT 计算出来的数据是对称的，计算时只取一半，64 个点即可，实际流程图如图 6-3 所示。

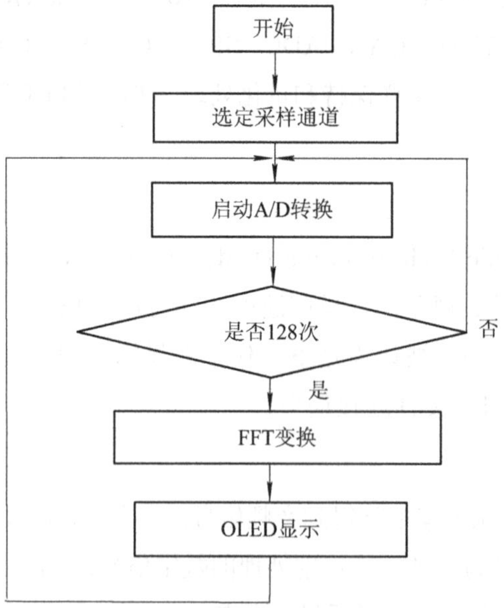

图 6-3　音频采样模块流程图

6.2.2　数字音频信号传输

1. 系统总体设计

系统总体结构框图如图 6-4 所示，规划了蓝牙、WiFi、红外等通信方式。

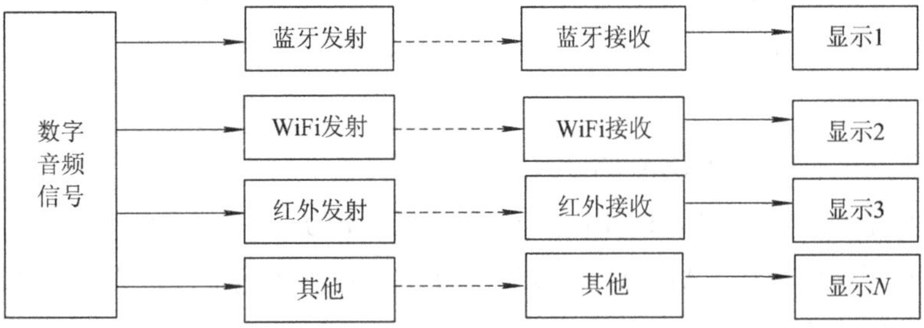

图 6-4　系统总体结构框图

2. 硬件设计

1) 蓝牙通信

无线网络应用广泛，衍生出短距离无线技术，如红外线、蓝牙、ZigBee、ANT、NFC、UWB、LiFi Transfer Jet、WiFi 等。随着物联网的应用逐渐受到瞩目，成本低廉、应用广泛的蓝牙(Bluetooth)技术深受瞩目。该技术最初由 Ericsson 创制，后来由蓝牙技术联盟(Bluetooth SIG)制定了全球技术标准，蓝牙版本由最早的 1988 年的 0.7 版到 2016 年 6 月已推至 5.0 版。在通信可靠性，传输距离，功耗，功能(定位)等方面有了提升。这里采用 HC-05 型号，为蓝牙 2.0 版本。

蓝牙模块 HC-05 端口定义(6 引脚)及与微处理器引脚连接如图 6-5 所示，其中：

(1) STATE——蓝牙连接状态，未配对输出低，配对成功后输出高，接微处理器 I/O 端。

(2) TX——信号发，接微处理器串口 TX 端。

(3) RX——信号收，接微处理器串口 RX 端。

(4) GND——接地。

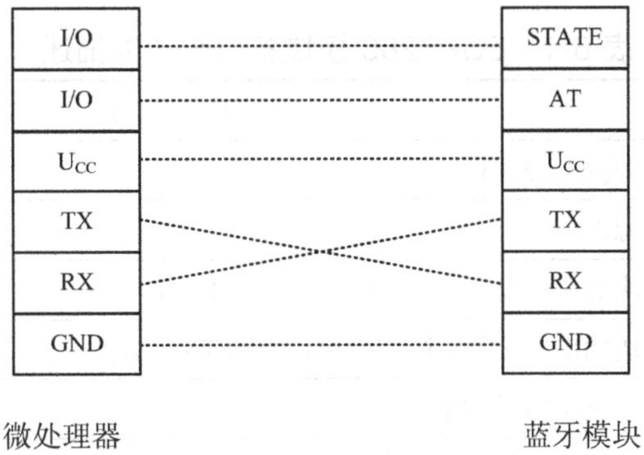

图 6-5　蓝牙模块与微处理器引脚连接

(5) U_{CC}——接电源正极。

(6) EN——使能端，需要使用 AT 模式时接高电平，接微处理器 I/O 端。

配置过程：

需要将一对蓝牙(用 A，B 模块表示)模块分别配置，使用串口发送 AT 命令，这时需要设置比特率 38400，8 位数据，1 位停止位。同时需要设置 EN 为高电平，进入命令模式，此时蓝牙模块状态指示灯慢闪。

A 模块：主蓝牙

(1) 设置配对码：AT + PINXXXX(XXXX 为四位数字，并与从蓝牙的配对码保持一致)。

(2) 设置蓝牙为主机：AT + ROLE = 1(0 为从机，1 为主机，2 为回环角色)。

(3) 设置蓝牙连接模式：AT + CMODE = 0(0 是指定蓝牙地址连接模式，设置为 0 才能自动的连接绑定的地址)。

(4) 设置蓝牙连接地址：AT + BIND = XXXXXXXX(这里的地址是从蓝牙地址)。

(5) 设置波特率：AT + UART = 9600，1，0\r\n，波特率为 9600，也可用其他波特率，1 停止位，0 校验位。

B 模块：从蓝牙

(1) 设置配对码：AT + PINXXXX(XXXX 为四位数字，并与主蓝牙的配对码保持一致)。

(2) 设置蓝牙为从机：AT + ROLE = 0(0 为从机，1 为主机，2 为回环角色)。

(3) 设置蓝牙连接模式：AT + CMODE = 0(0 是指定蓝牙地址连接模式，设置为 0 才能自动的连接绑定的地址)。

(4) 设置波特率：AT + UART = 9600，1，0\r\n，波特率为 9600，也可用其他波特率，1 停止位，0 校验位。

2) WiFi 通信

WiFi 通信模块采用的是乐鑫的 ESP8266WIFI 模块，该 WiFi 通信模块内部包含了 TCP/IP 协议和 IEEE802.11 协议，可以通过串口实现 WiFi 模块和单片机系统之间的通信以及 WiFi 模块相互之间的数据传输。ESP8266 模块各引脚功能描述如表 6-1 所示。

表 6-1　ESP8266 模块各引脚功能描述

引脚序号	引脚名称	功 能 描 述
1	U_{CC}	电源(3.3～5 V)
2	GND	电源地
3	TXD	模块的串口发送引脚，接单片机的 RXD 引脚
4	RXD	模块的串口接收引脚，接单片机的 TXD 引脚
5	RST	复位(低电平有效)
6	I/O～0	用于进入固件烧写模式，低电平是烧写模式，高电平是运行模式(默认模式)

ESP8266 WiFi 通信模块支持以下三种模式具体如下：

(1) AP 模式：这是 WiFi 模块默认的初始模式，将 ESP8266 WiFi 通信模块作为热点使用。如手机等设备连接上模块的热点时，可以直接与模块通信，实现短距离的局域网无线控制。

(2) STA 模式：ESP8266WiFi 通信模块作为一个无线终端，可以通过连接路由器信号从而连接上网络。如手机等设备可以通过网络实现对 WiFi 模块的远程控制。

(3) STA + AP 模式：既可以通过连接路由器从而连接到互联网，并通过联网终端设备与模块进行通信，也可以作为 WiFi 热点，与其他已连接的设备进行通信。以上两种模式同时存在并发挥作用。这样可以根据使用距离的长短进行无缝切换，方便操作。

两个 esp8266 模块点对点通信需做以下配置：

(1) 将模块一配置为 AP 模式作为服务器。

AT + CWMODE = 2　　　设置 esp8266 为 AP 模式，开启 WiFi 热点

AT + RST　　　重启模块使 AP 模块生效

AT + CWJAP = "XXX"，"XXXXXX"，X，X 设置 AP 参数，依次为名称，密码，通道，加密方式

AT + CIPMODE = 1　　设置为透明传输模式

AT + CIPMUX = 0　　单路连接

AT + CIPSERVER = 1，XXX　开启服务器模式，单口号为 XXX

AT + CIFSR　　　查看 ESP8266 的 IP，与配对端建立连接时需要用到

(2) 将模块二配置为 STA 模式作为客户端。

AT + CWMODE = 1　　　设置 esp8266 为 STA 模式；

AT + RST　　　重启模块使 STA 模块生效

AT + CIPMUX = 0　　单路连接

AT + CWJAP = "XXX"，"XXXXXX"　连接 WiFi

AT + CIPSTART = "TCP"，"XXX.XXX.X.X"，XXX 连接到服务器

配置完成后，两个模块之间即可传送数据。

3) 红外通信

红外通信是利用 750 nm～1 mm 红外线作为传递信息的载体，系统一般由红外发射和红外接收装置两部分组成。红外发射装置又可由红外发射电路、红外编码芯片以及微处理器等组成。红外接收装置可由红外接收电路、红外解码芯片、微处理器等组成。为了使信号能更好的被传输，需要对信号进行调制，在发送端增加调制电路，将发送端二进制信号调制为脉冲串信号再发射，接收端增加解调电路，将接收到的脉冲串信号解调为二进制信号，再送给微处理器或解码芯片处理。

相对无线电遥控无方向性，可穿透障碍物去控制被控对象，多套遥控设备之间容易串扰，每套遥控设备需要有不同的遥控频率或编码，红外线通信距离较近，而且对方向要求严格，红外线遥控器可以有相同的遥控频率或编码，不会出现遥控信号串扰的情况，给电器遥控提供了很多的便利，被广泛使用在各种类型的家电产品上。

红外通信有较多的通信协议，如 NEC 编码协议，此协议标准的发射端所发射的一帧码含有一个引导码、8 位用户码、8 位用户反码、8 位键数据码、8 位键数据反码。引导码由一个 9 ms 的高电平和 4.5 ms 的低电平组成。数据编码格式是采用 PWM 方式，逻辑“0”周期为 1.12 ms，其中高电平 0.56 ms，低电平 0.56 ms；逻辑“1”周期为 2.25 ms，其中高电平 0.56 ms，低电平 1.69 ms，如图 6-6 所示。

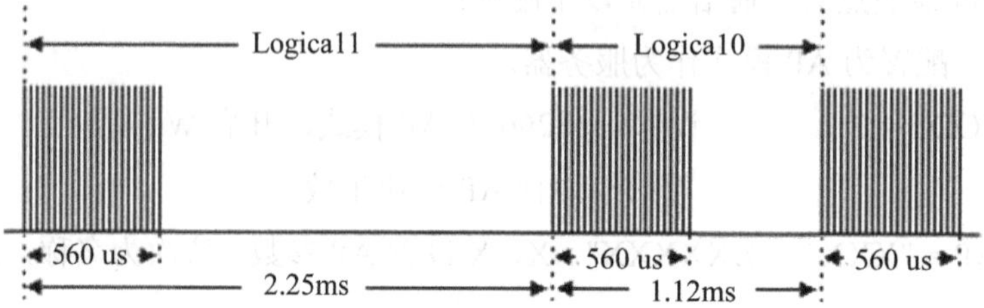

图 6-6　红外通信 NEC 协议电平定义

NEC 协议一般使用调制解调方式传输数据，载波频率 40 kHz 左右，协议比较复杂，传输效率不高，因此一般应用于数据量不大，传输速度要求不高的场合(如电器遥控)。如果信号需要更高速度传输，可采用 IrDA 等协议。

红外收发基本电路如图 6-7 所示，左边为接收模块，采用集成接收头，里面自带检波电路，可直接滤除 40K 载波，只有 3 个引脚，第 1 脚为接收端 *R*，另外 2 个为电源和地，发射电路为三极管 V_{T1} 驱动红外发射管 L_1，R_1 为限流电阻，发射端 *T* 接 V_{T1} 基极。

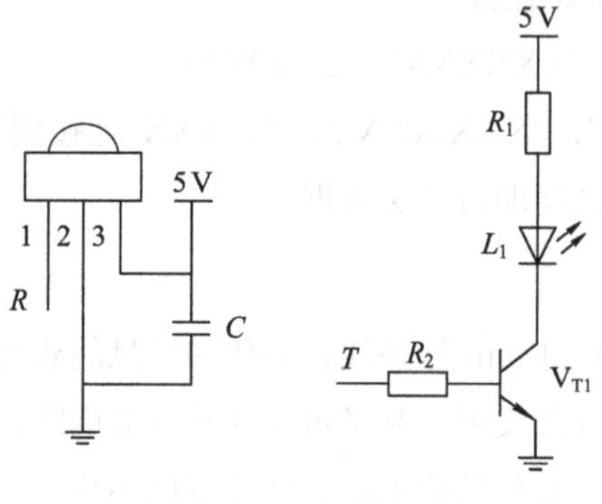

图 6-7　红外收发基本电路

以基本发射和接收电路为基础，可以选择多种通信方式，如采用 NEC 协议传输数据，或者采用 2262、2272 编解码电路(2272 解码时，检波头不需自带检波功能，可直接用红外接收管)，也可以自定义通信协议直接传输数据。

3. 软件设计

通信协议：考虑到各种显示模块的分辨率，没有完全使用 128 个频率点，只取了 64 个频率点，每个频率点幅度值用 1 个字节，如图 6-8 所示。

帧头(FF)	频率点 1 幅度	频率点 2 幅度	……	频率点 64 幅度	校验位	帧尾 00

图 6-8　通信协议

一帧 67 个字节，帧头为 FF，跟着是 64 个频率点的幅度值，然后是校验字节，采用累加和校验，以保障通信数据的可靠性，最后是帧尾 00，发射数据如遇到 FF，则通过程序变为 FE，遇到 00，则变为 01，以免与帧头尾混淆，依据通信协议，编写通信程序流程图如图 6-9 所示。

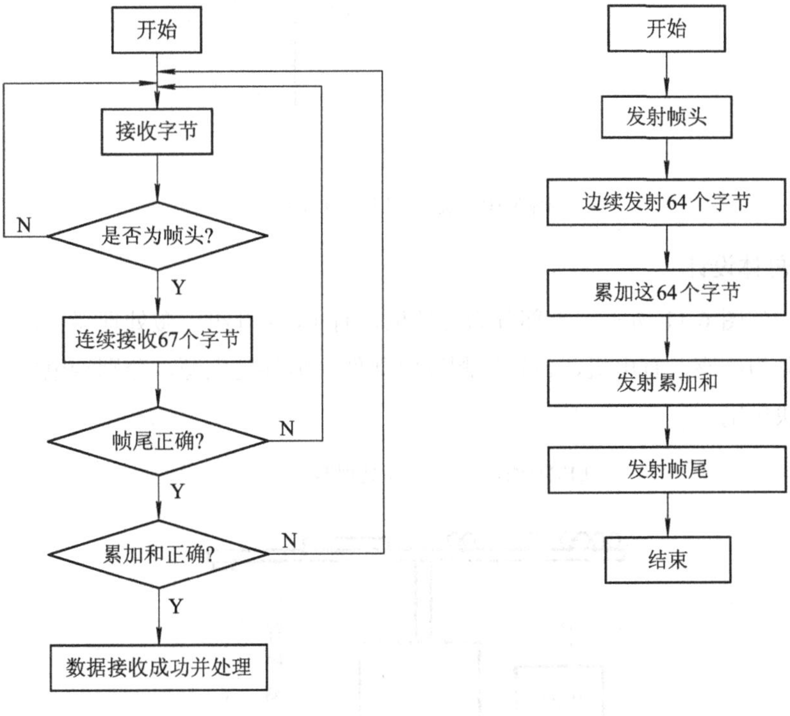

(a) 接收数据流程图　　(b) 发送数据流程图

图 6-9　通信程序流程图

6.2.3　旋转 LED 设计

旋转 LED 原理如图 6-10 所示，传统的 LED 显示屏是以点阵显示屏为主，如果要提高显示屏的显示分辨就需要增加 LED 个数，这样就会使成本大大提高，而且占用面积较大，色彩一致性差，马赛克现象较严重，显示效果较差，因此出现了旋转 LED 显示屏。它利用视觉暂留原理，将单列 LED 灯组高速旋转，形成一个圆面，然后显示各种图案。

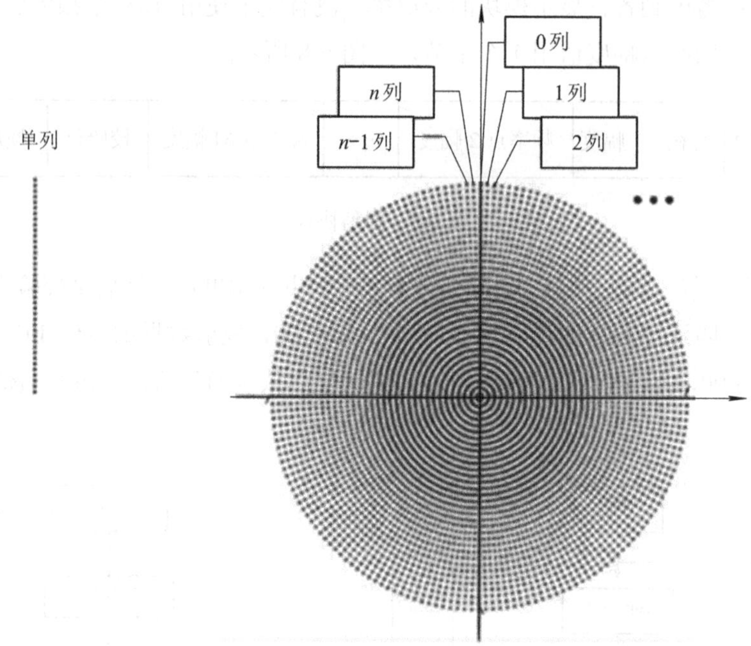

图 6-10　旋转 LED 原理图示

1. 系统总体设计

系统架构如图 6-11 所示，上部分为旋转板，有 LED 灯组，微处理器，位置检测接收部件；下部分为底座，有电机，位置检测发射部件，另外是电源，分别给电机，旋转板及位置检测模块供电。

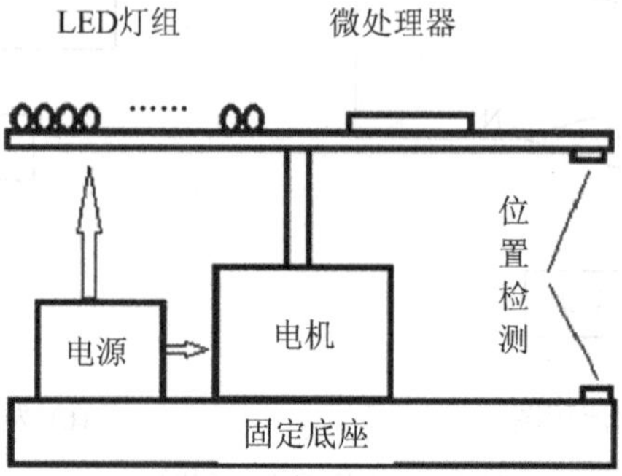

图 6-11　旋转 LED 通用架构

位置检测功能主要是为了在旋转时定位起始位置，让每一圈的起始位置相同，从而使系统能够稳定显示。一般可使用红外对管或霍尔传感器实现。使用红外对管时，发射管装在底座，接收管装在旋转板上；使用霍尔传感器时，底座装上磁铁，旋转板上装霍尔传感器。

电源给电机有线供电，旋转板供电有多种方式。第一种是使用纽扣电池，其优点是电路结构简单、成本低、效率高，缺点是由于电池容量有限，使用时间不会太长。第二种是使用滑环供电，其优点是可以提供较大的电流、效率高，缺点是成本高、滑环磨损严重、寿命短。第三种是使用无线供电，其优点是无接触供电、寿命长，缺点是电路稍显复杂、成本较高、效率偏低。

一般采用第三种方式即无线供电，使用 2 个线圈，一个固定在电机上，作为发射线圈；另一个固定在旋转板上，作为接收线圈，两者半径一大一小，套在一起，线圈间留下一定空隙。

2. 系统电路设计

具体电路如图 6-12 所示，左半部为自激振荡电路，用于将直流电压转换成交流电压，并将此交流电压加到发射线圈 L_1 上，右边为接收部分，接收线圈 L_2 耦合 L_1 的交流电压，然后经二极管 V_{D1} 整流，电容 C_2 滤波，V_{D2} 稳压，输出给旋转板做电源。

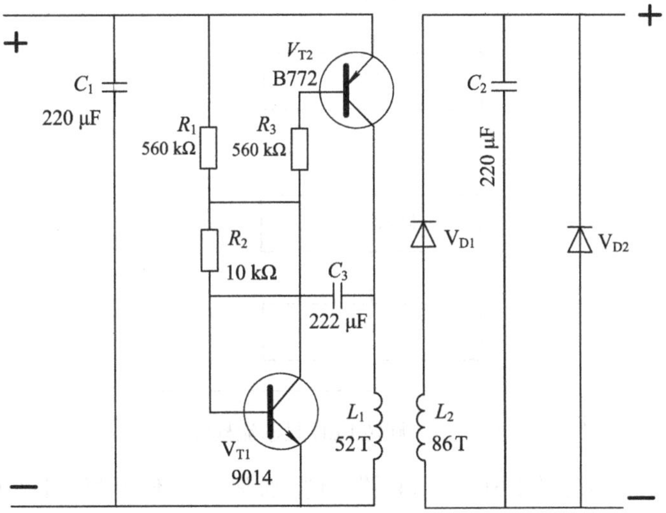

图 6-12　旋转 LED 无线供电原理图

LED 灯组模块如图 6-13 所示。

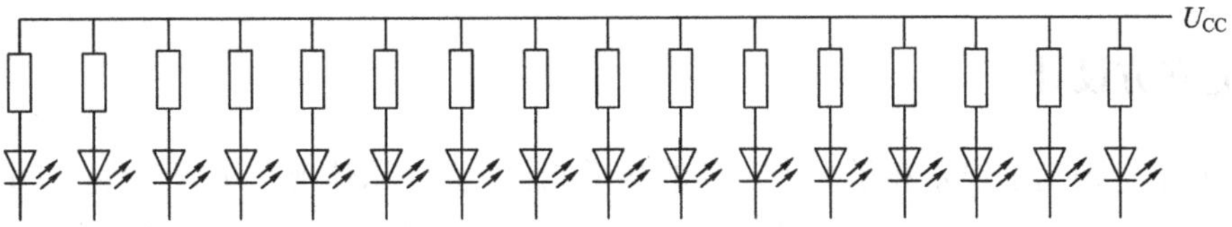

图 6-13　LED 灯组电路图

根据显示分辨率确定 LED 个数，然后将其正极通过限流电阻并联在一起，负极接驱动端口，如果微处理器 I/O 口够多，可以直接连微处理器 I/O 口，否则需要增加加驱动芯片。电机驱动：可以用驱动电路直接给电机供电让电机转动，也可对电机进行调速控制。

3. 软件设计

如图 6-14 所示，其总体思路为：如果转动一圈所需的时间为 *T*，一圈分成 *N* 列，则列之间的延时为 *T*/*N*，程序运行时先判断是否转到起始位置，如果检测到则开始显示第 1 列，延时 *T*/*N*，依次显示后续列，直到显示完 *N* 列，然后返回。

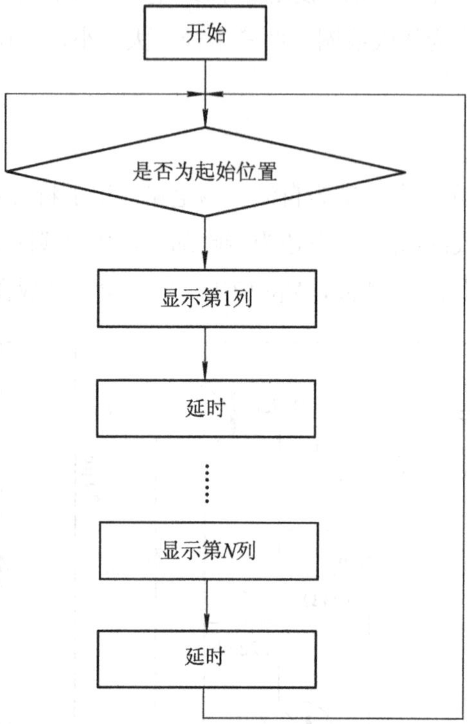

图 6-14　旋转 LED 显示流程图

说明，以上只是基本旋转 LED 显示装置结构。通常里面还会设计时钟电路，遥控电路，如果需要显示动态频谱，则需要增加通信接收模块，根据通信协议把圆面分成 64 等份，每个径向对应一个频率点，实时显示该点幅度值。接收到的幅度值为 1 个字节，即 0～255，而 LED 个数为 16，所以需要将原始幅度值除以 16，转化成 0～16，然后再显示。

6.2.4　光立方设计

光立方是一种基于娱乐和学习为一体的科学制作，其娱乐体现在于开放性的 DIY 程序改造和立体的动画表现形式，可以随心所欲的变化程序来实现想要的动画效果。光立方由若干个二极管 LED 灯以立方体形式搭建，有 4 × 4 × 4、8 × 8 × 8、16 × 16 × 16 甚至更多结构，由微处理器、锁存器、译码器等电器元件驱动，形成立体动画效果。8 × 8 × 8 光立方较为常见。

如图 6-15 所示，这是一个 8×8 光立方的立面图，每行 8 个 LED 阳极连在一起，共有 DC1～DC8 8 行，每列 8 个 LED 阴极连在一起，共有 DR1～DR8 8 列，如果要点亮某个 LED，则需在其阳极接高电平，阴极接低电平，由 8 个这样的立面可以构成 8×8×8 的光立方，通常 8 个立面的同一行连在一起，8 行形成一个横向平面，该面 LED 阳极都连在一起，用一个 I/O 口驱动。8 个立面的每列单独驱动，共有 8×8＝64 个点，需要 64 个 I/O 口驱动，即总共需要 64×8 个 I/O 口驱动。

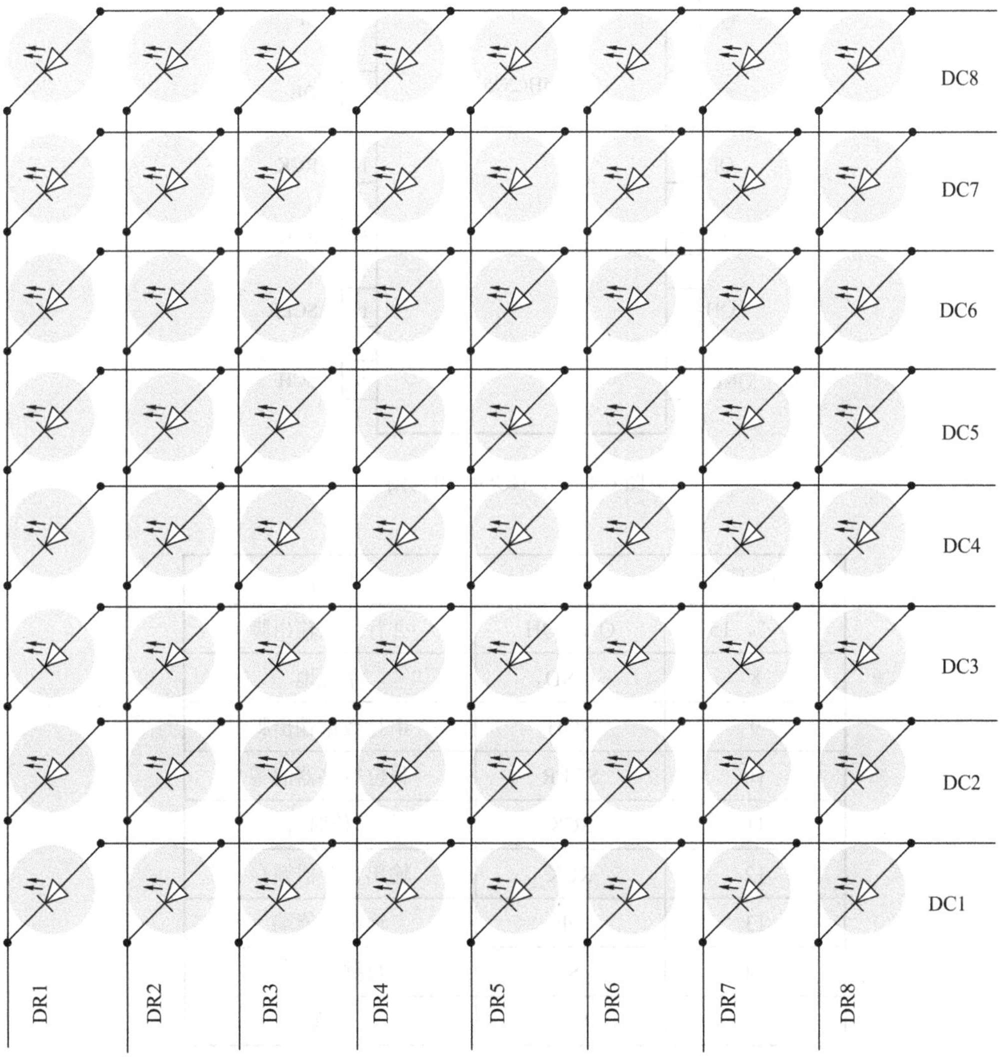

图 6-15　8×8 光立方立面 LED 布局

1. 横向平面 64 个点驱动电路

光立方可采用并行或串行驱动方式，并行驱动速度较快，但是需要较多的 I/O 端口，串行驱动较慢，但是需要的 I/O 端口较少。

串行驱动方式可采用 74HC595，该芯片是一个 8 位串行输入、并行输出的移位缓存器芯片，可以三态输出，其引脚图如图 6-16 所示，引脚功能说明如图 6-17 所示。

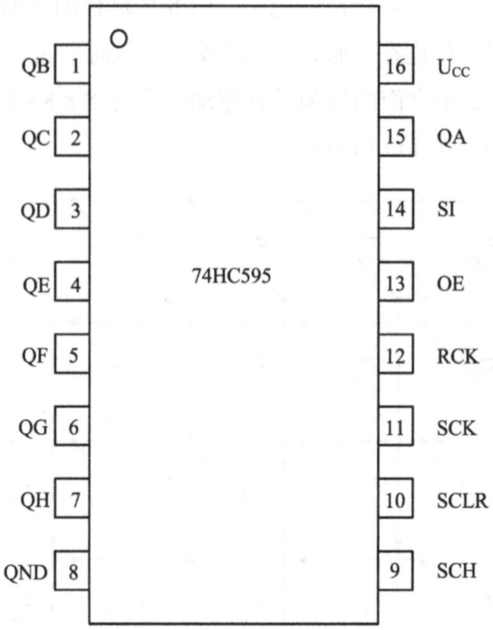

图 6-16　74HC595 引脚图

编 号	名 称	功 能
1～7，15	QA～QH	并行数据输出脚
8	GND	单源地
9	SQH	串行数据输出脚
10	SCLR	移位寄存器清零
11	SCK	移位时钟
12	RCK	输出寄存器锁存
13	OE	输出使能端
14	SI	数据输入端
16	U_{CC}	电源

图 6-17　74HC595 引脚功能说明

使用时如图 6-18 所示，8 片串联，串行数据加到第 1 芯片 SI 端，其输出 QH 接下一级芯片 SI 端，依此方法连接其他芯片，所有芯片移位时钟 SCK，输出寄存器锁存控制端连在一起，并行输出脚连 LED 阴极，8 片 74HC595 可控制一个面的 64 个 LED 灯的亮灭。

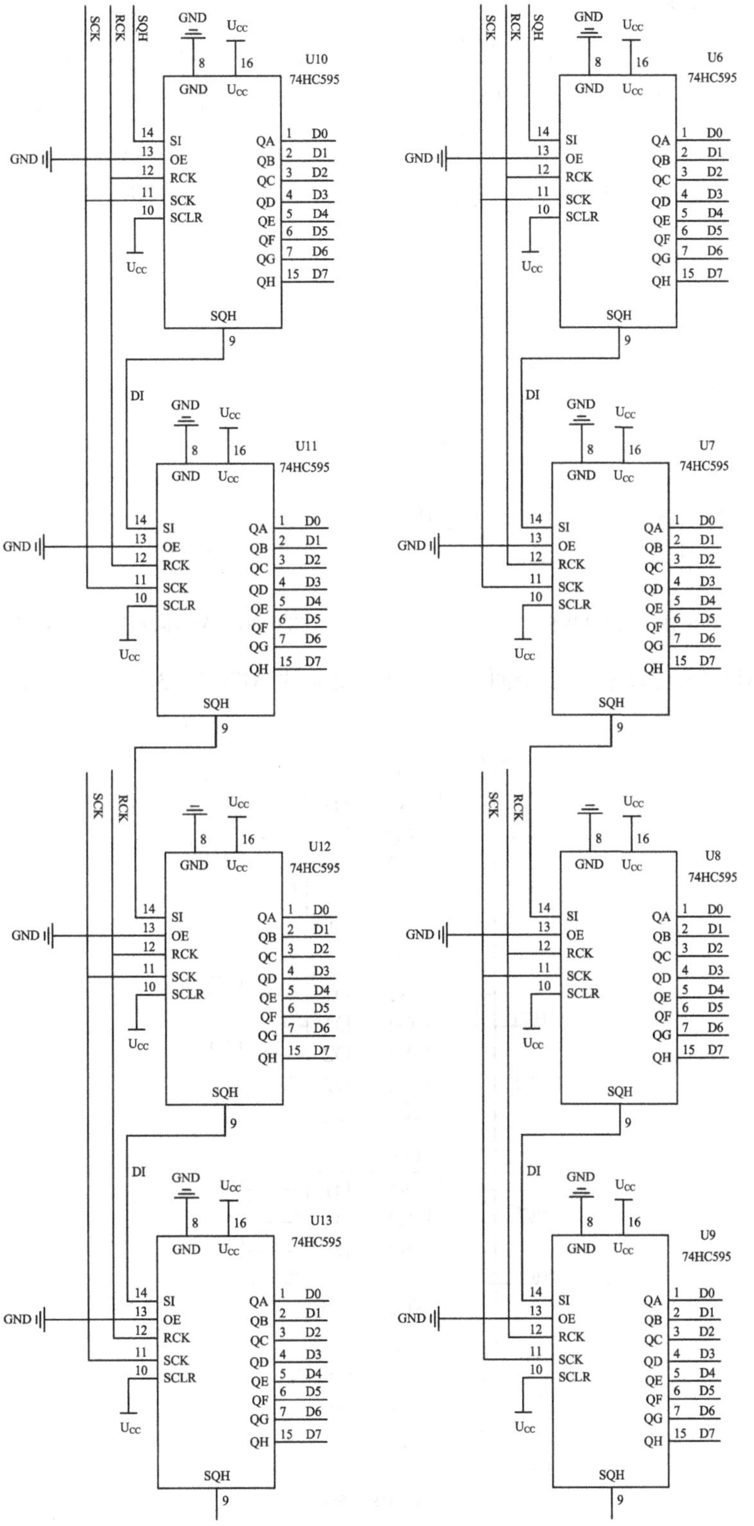

图 6-18　光立方横向驱动电路

2. 纵向 8 个面驱动

由于一个面有 64 个 LED，需要大电流驱动，选用 APM4953 芯片，为 8 脚双独立 P 型 MOS 管电路。其引脚图如图 6-19 所示，内部电路结构图如图 6-20 所示。1、3 脚是两个 MOS 管电源正极接入端，2、4 脚是控制极，2 脚控制 7、8 脚的通断，4 脚控制 5、6 脚通断，使用时 5、6 或 7、8 脚接被驱动电路，控制极高电平时 MOS 管导通，低电平时截止。

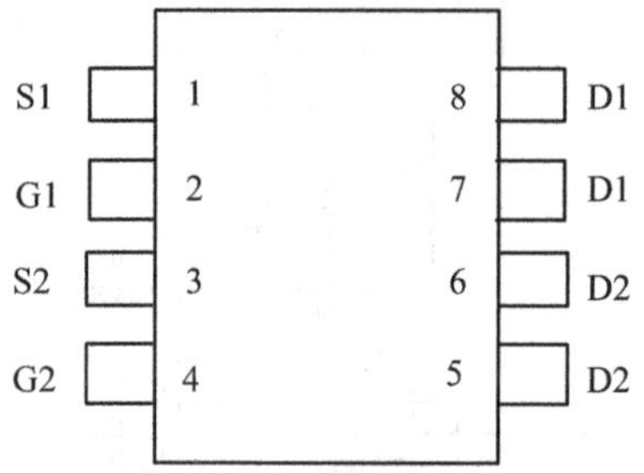

图 6-19　APM4953 引脚图

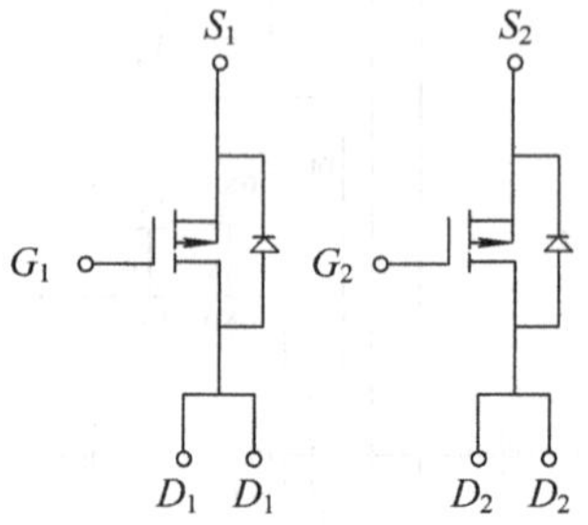

图 6-20　APM4953 内部结构图

每片 APM4953 可以驱动 2 个面，8 个面需要 4 片 APM4953。其电路如图 6-21 所示。

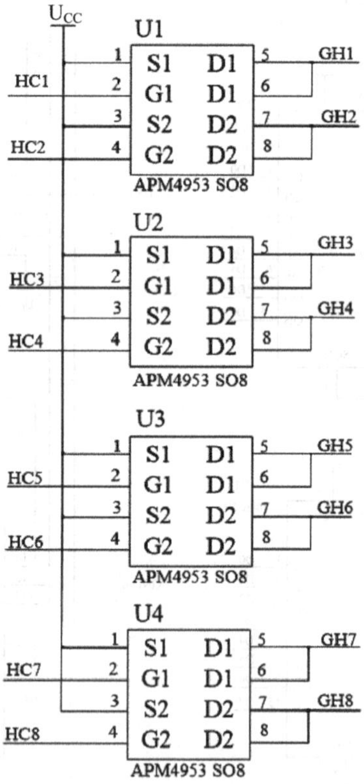

图 6-21　光立方纵向驱动电路

电路输入端 HC1～HC8 连微处理器 I/O 口，输出端 GH1～GH8 连光立方 8 个横面各共阳极。

综上所述，这是一个最基本的 8 × 8 × 8 光立方。如果要实现前述动态频谱显示功能，则需要增加通信接收模块。根据通信协议光立方一个横面正好 64 个点，每个可对应一个频率点，接收到的幅度值为 1 个字节，即 0～255，而 LED 个数为 8，所以需要将原始幅度值除以 32，转化成 0～8，最后再显示。

第7章 电子系统设计制作及调试方法

7.1 电子系统设计制作

确定选题后，需要获取与本课题开发相关的各类资料，查阅资料通常有以下途径：

(1) 用与课题相关的关键词或课题名称，通过百度查找相关资料，这种方法方便直接，可以得到大量与课题相关的资料，缺点是这些资料内容不一定全，比如一篇论文可能只能看到摘要。如果需要更详细的内容可能需要付费。

(2) 使用学校图书馆网络资源查阅，这种方式的好处是可以免费获取比较完整的资料，比如一篇论文的全文。

(3) 通过专利检索网站查阅资料，可以找到本课题相关的专利，了解别人是如何在这个领域进行创新设计制作的。

(4) 通过购物平台了解与本课题相关的一些产品，了解现有的产品有哪些功能和指标，自己设计的作品能否超越它们。

收集到足够多的资料，对本课题研究现状有足够的了解后，可以开始进行创新设计，电子系统设计一般分为硬件设计和软件设计两个部分。

7.1.1 硬件设计

硬件部分先要设计系统结构框图，即整个系统可以分成哪些模块，再设计或选用各个模块。以数字电压源设计为例，如图 7-1 所示，系统由按键、显示器、微处理器、电压调节、电源等模块构成。

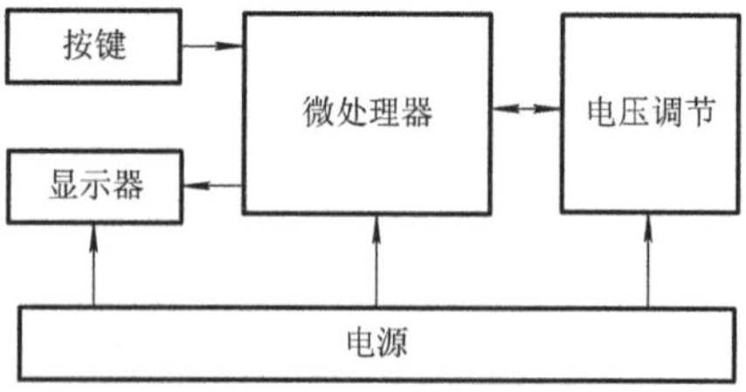

图 7-1 数字电压源系统结构框图

本系统中各模块的功能如下。

(1) 按键：人机交互，主要用于设置电压大小。

(2) 显示器：人机交互，主要用于显示电压值。

(3) 微处理器：整个系统核心，读取按键值，控制电压调节模块，将实际输出电压值送显示器。

(4) 电源：电子系统必备模块，给系统其他各个模块供电。

框图设计好以后，可以进一步设计各个模块的电路原理图或选用成品模块。比如：

(1) 按键可以选用矩阵按键、遥控键盘、线控按键、触屏等。

(2) 显示器可以选用数码管、点阵屏、液晶屏(1602、12864)、OLED、触摸屏等。

(3) 微处理器可以选用 32 单片机、树莓派、51 单片机、EDA 模块等。

(4) 电源可以选用电池、实验电源、开关电源模块、太阳能电池等。

选用或设计这些模块时需要考虑系统技术指标参数，如果系统要求显示器要亮些，则可以考虑数码管或点阵屏；如果要求功耗低，可以选用液晶屏、OLED 屏。另外如果电源精度要求为 1%，则选择 A/D 或 D/A 时 8 位分辨率就可以用；电源精度如果要求为 0.1%，则需要用 12 位以上的 A/D 或 D/A。

选择模块需要结合数据手册，充分了解其功能、技术指标、引脚定义、驱动程序方可正常使用。

7.1.2　软件设计

根据系统处理信号的过程设计主程序流程图，在此基础上设计各子程序流程图。

如图 7-2 所示，电子系统功能通常是获取电信号、处理电信号、显示和传输电信号，因此软件主程序流程一般也是这个过程。以图 7-2 所示数字电源主程序为例，系统先初始化，配置一些诸如 I/O 口、寄存器、外围模块的初始参数，然后读取按键设置的电压值，根据这个数值控制调压模块输出该值。还需要采用实际的输出电压值，并显示出来，最后返回读按键值步骤，继续循环。

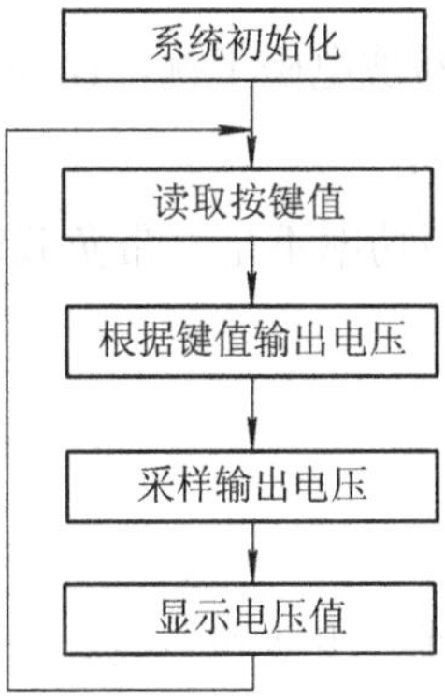

(a) 主程序流程图

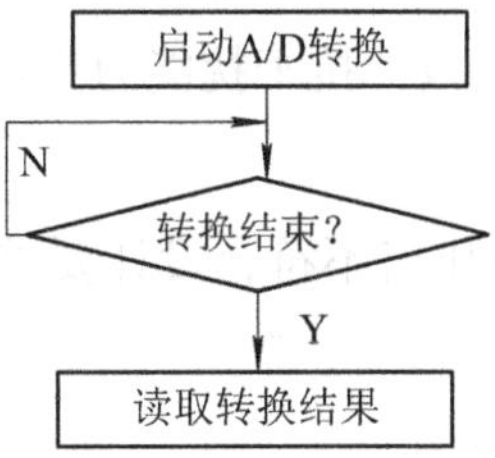

(b) 子程序流程图

图 7-2　数字电压源程序流程图

主程序设计完成后，还可以继续将各模块设计成子程序，如采样输出电压模块可以细化成一个子程序：启动 A/D 转换，判断转换是否结束，若未结束则继续等待，若已结束则读取转换结果。依此方法可以将其它模块细化成对应的子程序流程图，还可以进一步将子程序流程图里面的模块细化成子子程序流程图，直到流程图的模块可以细化到对应的单条程序指令。

7.2　电子系统调试

电子系统即使按照设计的电路进行安装，往往也难以达到预期的效果，其原因在于设计时，不可能周全地考虑各种复杂的客观因素(如软件程序错误、硬件连接错误、元件损坏或参数值的误差等)，因此必须通过测试来发现和纠正问题，使系统达到预定的功能和技术指标。

一个完整的电子系统一般包括软硬件两部分，硬件包括微处理器和外围电路等，软件部分指程序，分主程序和子程序。因此调试时可分为硬件调试、软件调试、软硬件联调。

7.2.1　硬件调试

1. 常见硬件故障

常见硬件故障如下：

(1) 接线错误：错线、开路(虚焊)、短路(焊点过大而粘连)。

(2) 元器故障：器件本身已损坏或性能不符合要求。

(3) 组装错误：如电解电容、二极管的极性错误，三极管引脚错误，集成块安装方向错误等。

(4) 整体可靠性差：接触不良会造成系统时好时坏，经不起振动；散热不好，温度升得过高导致器件功能失效；抗干扰能力不足，容易被电磁干扰，比如作品在验收前正常，验收时却不正常了。

(5) 电源问题：电压值不符合设计要求，电源功率不足，带负载能力不够，电源纹波系数过大造成逻辑电平不稳定等。

2. 常用硬件调试方法

1) 不通电观察法

按照原理图检查电路连线是否正确，包括错线、少线和多线。

检查元器件引脚之间有无短路，连接处有无接触不良，二极管、三极管、集成电路和电解电容极性等是否连接有误。

2) 通电观察法

(1) 通电前先用万用表测量电路的电源和地之间的电阻，确认无短路。

(2) 将符合电压要求的电源接入电路，观察有无异常现象，如有无冒烟，是否有异常气味，手摸元器件是否发烫等，如果出现异常，应立即切断电源，待排除故障后才能再通电。

(3) 测量各个模块或器件的电源电压是否正常，以保证元器件正常工作。

注意事项：一般电源在开与关的瞬间往往会出现瞬态高压脉冲，容易烧坏集成电路等器件，因此需要先开启电源，后接电路。一般自己设计的作品中需要加一个总电源开关。

3) 信号跟踪法

一般电路中的单元模块功能分为信号产生和信号处理两种，对于电路中的信号产生模块，可用示波器直接观察其输出端波形是否正常，如测量单片机振荡器波形。这种方法也可以寻找错误信号(如自激振荡)的源头。

4) 信号注入法

对于信号处理模块，可在其输入端加上相应的信号源，然后用示波器观察输出信号是否正常。例如放大电路，在其输入端加一模拟信号，看输出端的信号是否达到需要的倍数。

5) 模块分割法

电路中某一单元有故障(如短路)往往会影响整个电路，这时可以将可能有问题的单元电路与整个电路切割开，判断问题是否出在该单元。例如发现短路，可以分别断开显示、键盘、微处理器、电压调整等模块，看看断开到哪个模块时系统不再短路。

6) 部件替换法

如果怀疑电路中的某个单元模块或器件损坏，可将它与正常系统中的单元模块或器件互换。如果将其替换到正常系统中后系统能正常工作，则说明该单元模块或器件正常，否则说明该单元模块或器件有故障。

7.2.2　软件调试

1. 软件问题

软件常见问题有以下几种：

(1) 语法错误；

(2) 循环程序出现死循环；

(3) 分支程序出现跳转错误；

(4) 各子程序运行时破坏现场，缓冲单元发生冲突，标志位的建立和清除失败，堆栈区域溢出。

2. 调试方法

设置为软件仿真模式，单个子程序分别调试。调试时观察入口参数和出口参数。

例如，乘法子程序 $C = A \times B$，入口为参数 A、B 值，程序运行完成后看出口参数 C 的值是否正确。具体可采用单步运行和断点运行实现。

- 单步运行：程序运行一条停一下；
- 断点运行：设置某条程序为断点，让程序运行到该点。

除了出入口参数，可以辅助观察 CPU 的寄存器、RAM 的内容和 I/O 口的状态，检测程序执行结果是否符合设计要求。

7.2.3 软硬件联调

软硬件联调需要仿真器。系统调试时，可先全速运行程序，观察系统运行情况，如显示器数据是否正常，指示灯状态是否正常。若出现问题，可以采用单步执行模式，每执行一步用示波器观察电路中各关键点的信号是否正常。若执行到某一步时，输出信号不正常，可以确定故障就在该位置。

附录 A 创新性实验报告模板

时间：__________________ 组号：__________________

杭州電子科技大學

创新性实验报告

题　　目	多功能电参数测量系统设计
学　　院	电子信息学院
专　　业	电子信息工程
班　　级	0604××××
学　　号	0604××××
学生姓名	XXX
指导教师	XXX
完成日期	XXXX 年 XX 月

摘　　要

该系统以德州仪器公司的 16 位单片机 MSP430F169 为核心，以电压、电流、电阻、频率等相应外围模块为主要电路，构成了一个多功能电参数测量系统。该系统主要包括单片机模块、按键输入模块、液晶显示模块、电压测量模块、电流测量模块、电阻测量模块、频率测量模块。

电压的测量由单片机内部的 12 位 A/D 转换电路直接采样实现。电流的测量主要由电流传感器 INA193 和精密电阻完成。电流串联流入精密电阻(0.5 Ω)，得到的差分电压由电流传感器放大，输出电压再经一级放大器 20 倍放大，并由 16 位 A/D 芯片 ADS1110 测量出该电压，从而可换算出实际电流的大小。电阻测量通过分压的方法实现，将其与一个标准电阻串联，并采样分压的大小，来换算实际电阻值。频率测量的方法是，将正弦波放大并经过比较器转换为幅值为 5 V 的方波，然后通过单片机的计数器计数从而间接测量出正弦波的频率。各路测试都通过软件自动调挡，从而使系统更加智能化。

关键词：单片机；电压；电流；电阻；频率；A/D 转换

一、引言

当今世界，电子信息技术以极快的速度发展，各种各样的电子产品在我们的日常生活中都变得必不可少，比如手机、相机、MP3、机顶盒等。这些产品的设计开发，当然少不了最基础的测量仪表——数字万用表。因为设计每一个电子产品要关心的硬件参数大多就是电阻、电压、电流、频率等，即便是电容、电感参数也是通过转换为电压或频率来测量的。因此，即使电子产品的发展日新月异，数字万用表在电子技术中的最基础地位仍然不可替代。

二、系统总体设计

本系统的整体框图如图 1 所示。它包括电阻测量电路、电压测量电路、电流测量电路、频率测量电路、单片机处理及显示电路。

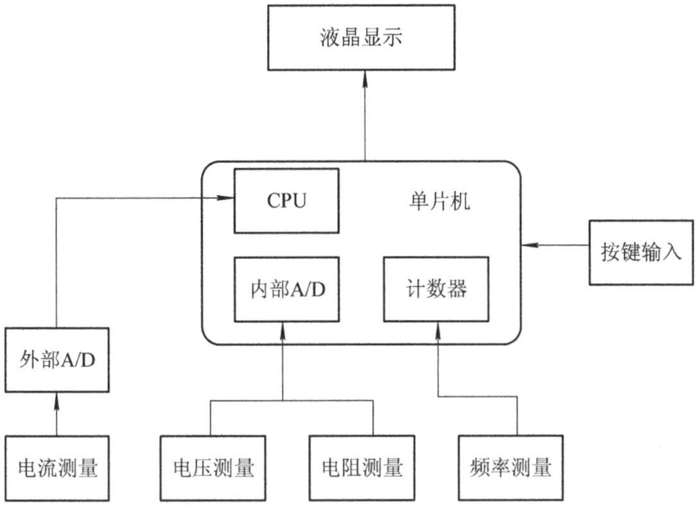

图 1　系统框图

三、硬件电路设计

1. 电阻测量模块电路设计

电阻测量的基本思想是分压电路。如图 2 所示，U_1 用来提供基准电压，本次设计选用的基准电压是 3.3 V。所用的稳压芯片为 LM1117-3.3。图 2 中 U_2、U_4、U_5、U_6、U_7 为继电器。当继电器的 1 脚为高电平时，继电器导通。这里选用继电器来做开关的目的是自动切换量程。R_1、R_2、R_3、R_4、R_5 为基准电阻。P_1 端用来接入待测电阻。P_1 的 1 脚为分得的电压，该电压经由运放构成的电压跟随器再输出。也就是"RES"。

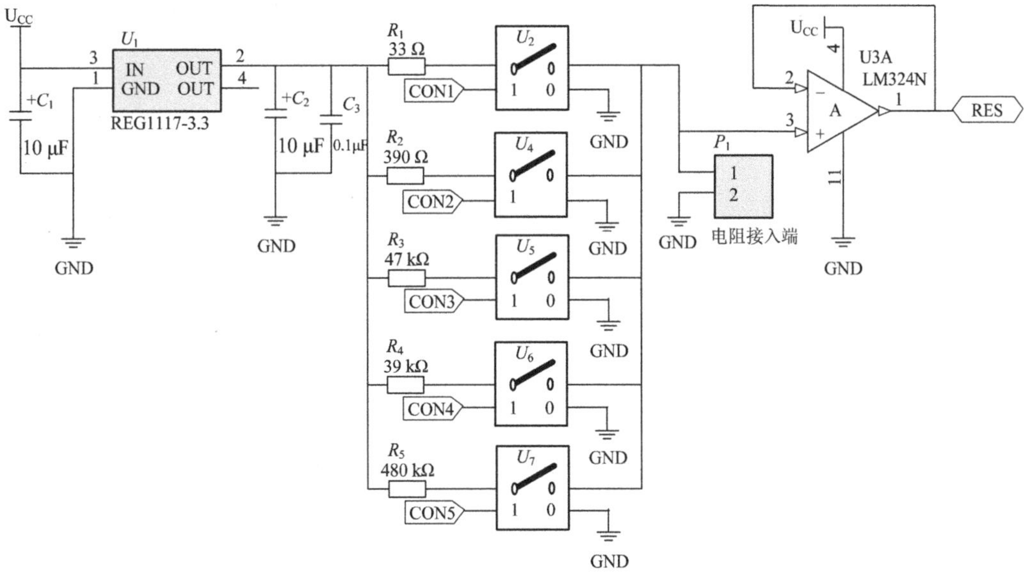

图 2　电阻测量电路

2. 电流测量模块电路设计

3. 频率测量模块电路设计

四、软件设计

本实验的系统主程序流程图如图 3 所示，对流程图进行说明。

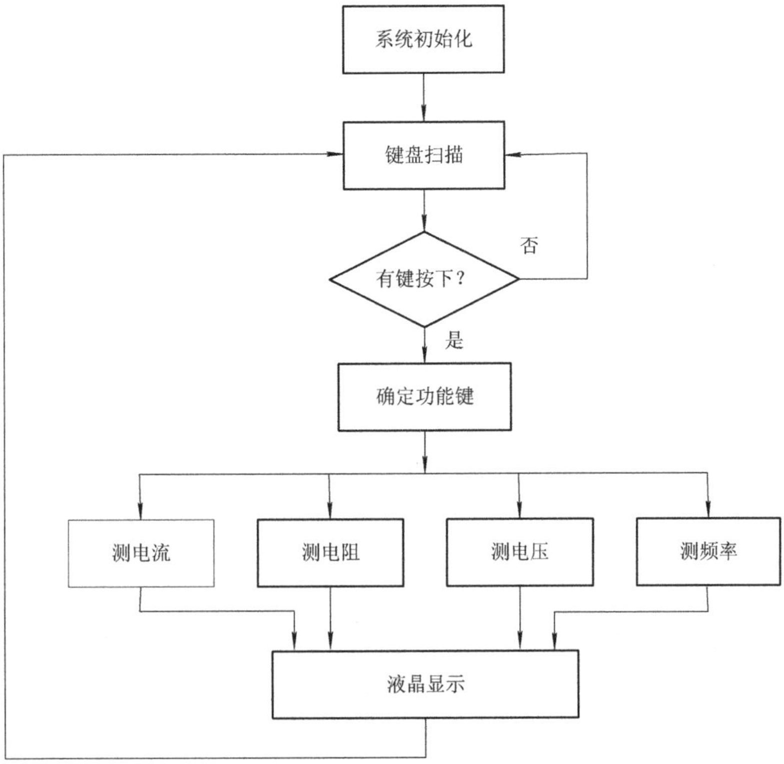

图 3　系统主程序流程图

五、制作与调试

1. 硬件电路的布线与焊接

2. 调试

3. 实测及误差分析

六、结论及建议

参考文献

[1]　李广弟，朱月秀，王秀山. 单片机基础[M]. 北京：北京航空航天大学出版社，2001.

[2]　张杰，姚剑. 便携式万用表制作[J]. 工业仪表与自动化装置，2003，1：63-66.

附录 B　创新性实验——多功能电参数测量系统

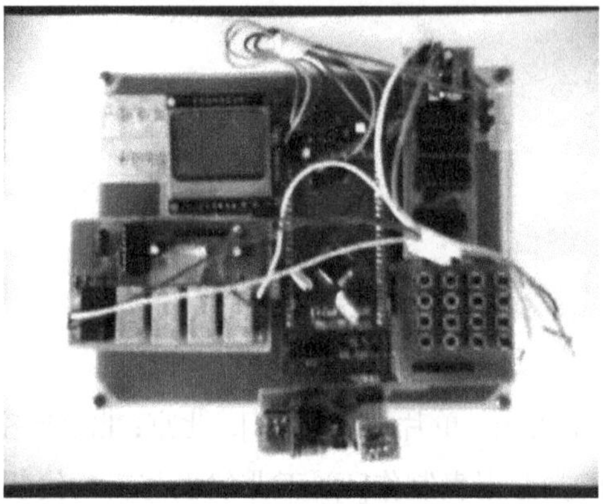

附录 B-1　实物照片

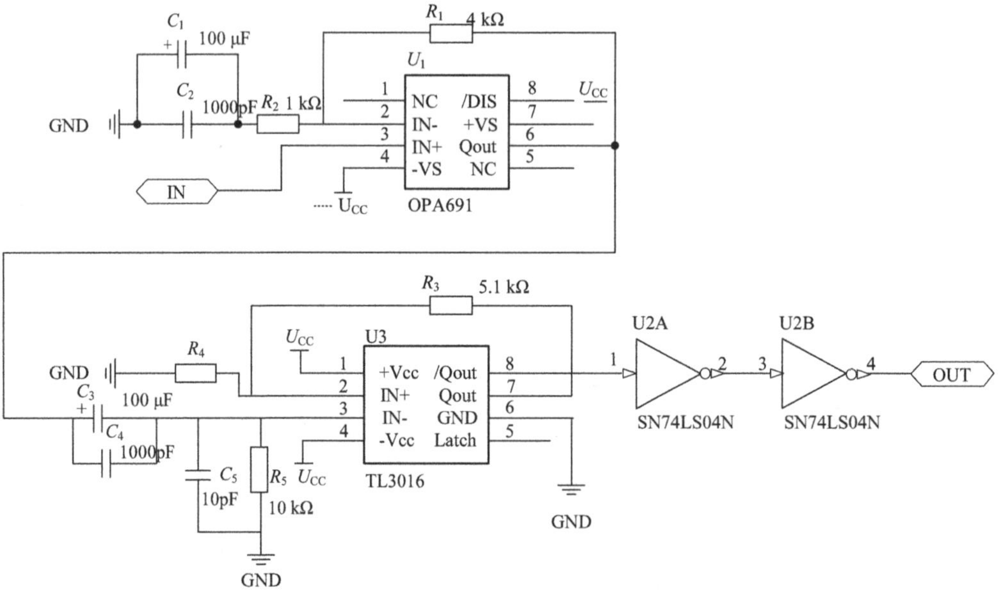

附录 B-2　原理图

```
/**************************************************************
*            工 程 名：多功能电参数测量系统                        *
*                   Copyright (c) 2010，                        *
*                  (All Rights Reserved)                        *
*                                                               *
* 文 件 名：main.c                                              *
* 日    期：20××-××-××                                          *
* 作    者：×××                                                 *
**************************************************************/
#include "msp430x16x.h"
#include "PCD8544.h"
#include "Chinese.h"
#include "Routine.h" //Routine.c 是一些常规配置
```

附录B-3　源程序

附录C 创新性实验选题申请表模板

创新性实验选题申请表

时间： 组号：

<table>
<tr><td>选题名称</td><td colspan="4"></td></tr>
<tr><td rowspan="4">小组成员</td><td>姓 名</td><td>学 号</td><td>分 工</td><td>联系方式</td></tr>
<tr><td></td><td></td><td></td><td></td></tr>
<tr><td></td><td></td><td></td><td></td></tr>
<tr><td></td><td></td><td></td><td></td></tr>
<tr><td>选题意义及用途</td><td colspan="4">(简述选题意义、目的、实际应用价值)</td></tr>
<tr><td>该领域的现状</td><td colspan="4">(在该领域别人已达到的程度，是否还存在的问题)</td></tr>
</table>

特色及创新点	(本实验跟别人做的区别)
主要功能和指标	(规划实验预期可以实现的功能，以及达到的技术指标)
实施计划	(本实验的实施计划要详细列出时间、目的、计划内容等)
查阅的资料	(列举查阅的网站、论文、教材、专利等)

附录 D 创新性实验中期检查表模板

创新性实验中期检查表

时间：　　　　　　　组号：

<table>
<tr><td>选题名称</td><td colspan="3"></td></tr>
<tr><td rowspan="6">小组成员</td><td>姓　名</td><td>学　号</td><td>分　工</td></tr>
<tr><td></td><td></td><td></td></tr>
<tr><td></td><td></td><td></td></tr>
<tr><td></td><td></td><td></td></tr>
<tr><td></td><td></td><td></td></tr>
<tr><td></td><td></td><td></td></tr>
<tr><td>创新实验项目
完成情况</td><td colspan="3">(软硬件进展，要求附实物(如成品，半成品或散件)图片或软件菜单截图)</td></tr>
<tr><td>存在的问题</td><td colspan="3">(技术难题，制作调试问题，系统功能拓展内容等)</td></tr>
<tr><td>下一阶段计划</td><td colspan="3"></td></tr>
<tr><td>阶段性经验分享</td><td colspan="3">(设计制作经验分享，新技术资料分享)</td></tr>
</table>

附录E　创新性实验评分标准

考核环节	基本要求	评　价　标　准					成绩比例(%)
		90～100	80～89	70～79	60～69	0～59	
选题讨论	从选题应用性，创新性，工作量等方面考评	应用价值高；有创意，亮点多；难度，内容多	应用价值较高；有创意，亮点较多；难度较大，内容较多	应用价值较高；有创意，个别亮点；难度适中，内容较多	应用价值一般；创意一般，无明显亮点；难度一般，内容不多	应用价值一般；无创意，重复前人工作；内容很简单	20
中期检查	制作进展情况，学生经验交流表现	进展很快：硬件制作完成，软件已编写，进入软硬件调试阶段 分享经验：很多	进展较快：硬件开始焊接，软件主要程序已完成，进入软件仿真阶段 分享经验：较多	进展一般：硬件正在制版，器件已采购，软件程序在编写，未进入软件仿真阶段 分享经验：较少	进展较慢：硬件还在设计原理图未制版，器件刚下单，软件程序未开始编写 分享经验：很少	进展很慢：组员间协调不够，方案还有问题，还未设计原理图，器件未定，软件程序未开始编写 分享经验：几乎没有	10
报告	内容完整性，自己写的比例，规范性	内容：自己写的很多，完整充实，总结到位； 规范：结构合理，图表清楚，文字流畅	内容：自己写的较多，比较完整充实，总结比较到位； 规范：结构比较合理，图表比较清楚，文字比较流畅	内容：自己写的不多，基本完整充实，总结简单； 规范：结构基本合理，图表基本清楚，文字基本流畅	内容：自己写的很少，不够完整充实，总结不到位； 规范：结构不够合理，图表不够清楚，文字不够流畅	内容：大段拷贝，缺少章节，没有总结； 规范：结构混乱，图表模糊，文字不通顺	10
答辩	参与程度，对项目的了解程度，贡献度	承担大部分任务；讲解清楚；回答问题准确	承担任务比较多；讲解比较清楚；回答问题基本正确	承担任务比较少；讲解不太清楚；回答问题有欠缺	承担任务很少；讲解有错误；回答问题错误	承担任务很少；不能讲解；不能回答问题	30
实物测试	功能指标，制作工艺	功能完整；指标达标；工艺很好	完成主要功能；指标基本达标；工艺较好	完成部分功能；部分指标达标；工艺一般	完成个别功能，指标不达标；工艺较差	没有实现功能；无法测试指标；工艺很差	30

参 考 文 献

[1] 项贤明. 创新人才培养是教育现代化的战略核心[J]. 中国教育学刊，2017(9)：71-75.

[2] 宋佩维. 卓越工程师创新能力培养的思路与途径[J]. 中国电力教育，2011(7)：25-29.

[3] 褚宏启. 学生创新能力发展的整体设计与策略组合[J]. 教育研究，2017(10)：21-27.

[4] 郑金洲. 创新能力培养中的若干问题[J]. 中国教育学刊，2000(1)：13-16.

[5] 云蓝斯，马俊先，张嵇禹，等. 基于超声波测距的皮带监测报警装置[J]. 科技创新与应用，2016(34)：11-12.

[6] 隋美蓉，庄文强，王辉，等. 基于单片机的超声测距安全系统实验设计与实现[J].实验技术与管理，2017，34(7)：182-184.

[7] 郑德忠，齐广学，胡春海. 超声波测量气体温度的研究[J]. 传感技术学报，1993，8 (3)：62-64.

[8] 张兴红，邱磊，何涛，等. 反射式超声波温度计设计[J]. 仪表技术与传感器，2014(9)：16-18.

[9] 楼超恺，刘公致，陈龙，等. 基于 K66 单片机的智能环保清洁车模型设计[J]. 电子制作，2020(09)：14-17.

[10] 高德毅，宗爱东. 从思政课程到课程思政：从战略高度构建高校思想政治教育课程体系[J]. 中国高等教育，2017(1)：43-46.

[11] 高燕. 课程思政建设的关键问题与解决路径[J]. 中国高等教育，2017(Z3)：13-16.

[12] 吴怡倩. 工匠精神融入高职院校思想政治教育的有效路径[J]. 高校后勤研究，2019(5)：65-67.

[13] 刘公致，王光义. 创新性实验教学过程中一些问题的探讨[J]. 实验科学与技术，2012(10)：70-72.

[14] 刘公致，王光义. 混沌密码遥控锁设计[J]. 实验室研究与探索，2019，38(10)：62-66.

[15] LIN ZHUOSHENG，WANG GUANGYI，WANG XIAOYUAN，et al. Security performance analysis of a chaotic stream cipher[J]. Nonlinear Dynamics，2018(94)：1003-1017.

[16] 廖晓峰. 混沌密码学原理及其应用[M]. 北京：科学出版社，2009.

[17] 陈铁明，葛亮. 面向无线传感器网络的混沌加密与消息鉴别算法[J]. 通信学报，2013，34(05)：12-13.

[18] 刘公致，王光义，袁方，等. 基于混沌技术的动态口令遥控锁：中国，201210042293.0 [P]. 2014-07-09.

[19] 郑艳. 一类新的超混沌序列及其在 DS-CDMA 系统中的应用研究[D]. 杭州电子科技大学硕士学位论文，2007.

[20] 陈紫强，舒亮，谢跃雷. 一种高安全性的级联型混沌扩频序列[J]. 电讯技术，2016，56(5)：476-482.

[21] 郑昊. 基于 Arduino/Android 的蓝牙通信系统设计与实现[D]. 湖北：湖北大学出版社，2012.

[22] 葛秀梅，仲伟波，李忠梅，等. 基于 DSP 的混沌语音加密解密系统[J]. 实验室研究与探索，2014，33(9)：137-140.

[23] 贾跃辉，金伟斌. 智能插座的发展及安全要求[J]. 日用电器，2017(S1)：120-124.

[24] 卢志辉. 低压用户家庭设备用电监测系统的研制[J]. 机电信息，2019(27)：81-83.

[25] 陈锦涛，黄家晖，周华通，等. 基于机智云的智能家居系统设计与实现[J]. 电子世界，2017(12)：161-162.

[26] 金清嵩，丁一，张勇，等. 一种基于 OpenMV 的自动跟随小车设计[J]. 电子制作，2020(13)：16-18.

[27] 王巧玲，易东平，张梦君. 有氧运动对普通大学生肺活量干预影响的元分析[J]. 西南师范大学学报(自然科学版)，2010，36(3)：79-83.

[28] 黄泽帅，艾信友，宋洋. 基于单片机的多功能肺活量测量仪设计[J]. 科技创新与应用，2016(9)：89-89.

[29] 曾垂义，张源，徐甲强. 基于 ZnO 传感器的高流速气体压力测试[J]. 传感技术学报，2012，25(9)：1194-1198.

[30] 韩冰，沈惠璋，赵继娣. 基于 AT89S51 的可与计算机交互的电子血压计设计[J]. 现代仪器与医疗，2010，16(06)：47-50.

[31] 包旭鹤. 便携式电子血压计设计[J]. 现代电子技术，2007(08)：7-10.

[32] 张桂平. 电子血压计测量原理及存在的问题[J]. 医疗保健器具，2005(05)：48-49.

[33] 白鹏飞，刘强，段飞波，等. 基于 MAX30102 的穿戴式血氧饱和度检测系统[J]. 激光与红外，2017，047(010)：1276-1280.

[34] 刘公致，陈龙，马学条，等. 电子信息类创新性实验案例集[M]. 西安：西安电子科技大学出版社，2020.